LES
DISTRACTIONS
UTILES

PAR

Louis FORTOUL

Le meilleur mode d'enseignement
est celui qui combine le plus d'attrait
à l'étude et le plus de notions utiles
à l'amusement.

✶✦✦✦✦✦✦✦✦✶

PARIS

LIBRAIRIE D'ÉDUCATION

GÉRANT : AMABLE RIGAUD, ÉDITEUR

33, QUAI DES GRANDS-AUGUSTINS, 33

1881

PREFACE

J'avais un fils que la mort m'a ravi au plus beau moment de la jeunesse. — Alors qu'il avait huit ou neuf ans, quelqu'un lui donna un petit navire. — Je me le rappelle jouant, sur les marches qui descendaient au petit jardin. — Il arrangeait et dérangeait cent fois les agrès, les ancres, les canons, — retournant et examinant chaque détail sous toutes ses faces.. — Doux et cruel souvenir d'un temps heureux ! — Une circontance intriguait le cher enfant ; — quelque chose remuait dans l'intérieur du petit navire, changeant de place selon la position. — Qu'était-ce ? Il ne put résister au désir de le savoir, et brisa le pont : — c'était un peu de sable servant de lest.

Tout le monde a remarqué le penchant de l'enfant à la destruction de ses joujoux et de tout ce qu'on lui met dans les mains. On en a conclu que l'enfance aime à détruire. — C'est possible ; mais pourquoi ?

Pas plus que nous l'enfant ne brise pour briser. — Il est ignorant, et d'ordinaire s'il brise c'est pour en tirer un enseignement ; exactement comme fait le savant ; car le savant lui-même est un ignorant relatif qui va, curieux enfant, — brisant les terres, les métaux, les liquides, les gaz, toutes les matières végétales et animales, — fouillant dedans pour savoir comment c'est fait, et pour y découvrir la chose qui remue.

Croyez-moi, le sentiment de curiosité inquiète qui ait le fond de notre nature, est un instinct providentiel, le stimulant de notre activité intellectuelle, la source de tout savoir. — Ses abus sont si peu de chose au prix de ses bienfaits !

Et quant à l'enfant, gardez-vous de penser que sa curiosité pour être raisonnée soit vaine, et que ses démolitions soient stériles. — Il ne consigne pas ses découvertes par écrit ; — mais même à son insu, son esprit en prend note et en forme peu à peu un fonds de science qui insensiblement s'accumule en lui, et se révèle par des questions, des reparties, des observations qui nous étonnent. Qui pourrait dire les mille enseignements sortis pour l'enfance de la dislocation d'un pantin, des entrailles d'une poupée, des profondeurs d'une boîte de joujoux ?

La main sur la conscience, avouons que si les enfants ne savaient que ce que nous leur apprenons, ils nous étonneraient moins par leur précocité et leurs aptitudes. Heureusement ils se rattrapent avec la curiosité, cette charmante institutrice du genre humain.

Ceci nous ramène au présent livre que nous avons édifié d'après les procédés de l'enfant, vis à vis de ses joujoux.

Nous avons pris çà et là indistinctement, dans l'immense bazar des choses de la nature ou de la société, un certain nombre de sujets que, — chacun à son tour, — nous avons examinés, tournés et retournés, — puis disloqués pour considérer chaque détail séparément, et l'agencement de l'ensemble.

Et nous avons réuni dans ce volume et dans d'autres les récits de nos explorations autour de ces divers sujets.

Pour faire ces petits voyages de découverte, tantôt nous sommes parti seul, tantôt nous nous sommes mis en compagnie de divers personnages, dont les faits et gestes et les propos ont rompu la monotonie du trajet.

Enfin nous avons fait comme fit à l'égard du petit navire, le cher enfant que nous pleurons ; — nous avons essayé de découvrir dans chaque sujet la chose qui remue ; car rien au monde n'en est privé. — La chose qui remue c'est l'idée, l'enseignement, la moralité qui se cache au fond de tout, comme la poignée de sable dans le creux du petit navire.

A TRAVERS L'ESPACE

—

LES ASTRES

Le jeune Châteauneuf qui, par la suite, devint un littérateur distingué, se trouvait un jour en présence d'un prélat. Celui-ci, après plusieurs questions auxquelles l'enfant répondit fort bien, lui posa encore celle-ci : — Mon ami, je vous donnerai une orange si vous voulez bien me dire où est Dieu.

— Moi, monseigneur, reprit Châteauneuf, je vous en donnerai deux si vous voulez bien me dire où il n'est pas.

Monseigneur, fort surpris, renonça à gagner les deux oranges.

L'enfant avait raison. — Où Dieu n'est-il pas ? — Quel coin du monde n'atteste pas sa présence par des merveilles ? — Voyons aujourd'hui celles que sa main a semées dans l'espace ; — parlons de cosmographie.

Quand on examine le ciel avec intention, le regard voit les astres se montrer à l'Orient, décrire un grand arc sur nos têtes, baisser vers l'Occident et disparaître. — Les anciens en conclurent tout naturellement que la terre était immobile au centre du monde et que le ciel avec tous ses astres tournait autour d'elle. Ptolémée, grand astronome, qui vivait 140 ans après Jésus-Christ, posa ainsi le système du monde en résumant les connaissances de tous ceux qui l'avaient précédé. Cette erreur, — car c'en était une, subsista jusqu'au xvie siècle.

Enfin Copernic, chanoine de Thorn, en Pologne, entrevit la vérité : « La voûte étoilée est fixe, écrivait-il dans un livre publié en 1507. Le soleil est immobile au milieu de l'espace et la terre n'est qu'une planète qui tourne autour de lui, comme les autres, en pivotant sur elle-même et entraînant la lune. » Le perfectionnement des lunettes, télescopes, et instruments de mathématiques, et les travaux d'une foule d'hommes célèbres dans la science, Kepler, Galilée, Descartes, Newton, Halley, les Cassini, Herschel, Lagrange, Lalande, Laplace, Biot, Arago, ont prouvé que le chanoine de Thorn ne s'était pas trompé.

De tous les points de la terre on voit l'espace infini des cieux former au loin une sorte de voûte où paraissent fixés, comme des clous d'or, les milliers d'étoiles que nous admirons la nuit. Cette voûte apparente n'en est pas une, et les étoiles sont prodigieusement écartées, en tous sens, les unes des autres ; mais l'éloignement considérable qui nous en sépare nous les fait paraître sur le même plan et comme se touchant presque ; elles diffèrent seulement à nos yeux de grandeur et d'éclat. Remarquons aussi qu'elles se montrent toujours dans le même ordre ; elles ne changent jamais leurs distances et forment invariablement les mêmes figures. Aussi les nomme-t-on ÉTOILES FIXES.

Que renferme la grande sphère qui semble nous entourer ? — D'abord au centre est le SOLEIL, foyer de lumière et de chaleur, vaste globe dont un ruban d'un million de lieues de longueur formerait à peine la ceinture. — On a que des suppositions sur la composition du soleil ; mais ce qu'il y a de certain, c'est qu'il pirouette comme une toupie ; car, au milieu de son atmosphère lumineuse, à l'aide de verres colorés, on a remarqué des taches sombres qui paraissent et disparaissent successivement pour reparaître tous les vingt-cinq jours et demi ; ceci indique que le soleil met ving-cinq jours et demi à faire un tour sur lui-même. Peut-être ce tournoiement est nécessaire pour la production de la lumière et de la chaleur.

La lumière que le soleil fait rayonner autour de lui éclaire les PLANÈTES, autres corps célestes qui diffèrent du soleil et des étoiles, précisément par cette circonstance qu'elles n'ont aucun éclat par elles-mêmes, et ont besoin, pour briller, d'être éclairées par le soleil.

si, à des distances différentes, elles tournent au-

tour de lui, dans le vaste espace du ciel. — L'ensemble de leurs cours est représenté sur les sphères nommées armillaires par des cercles concentriques; seulement, en réalité les planètes ne décrivent pas des cercles autour du soleil, mais des ellipses ou ovales.

Les anciens ne connaissaient que sept planètes, et encore ils comprenaient le soleil dans ce nombre; par les découvertes successives des astronomes, le nombre des planètes connues s'élève aujourd'hui à près de 80; on compte en outre dix-neuf satellites ou lunes.

Nommons les planètes en commençant par la plus rapprochée du soleil; elle en est cependant à 13 millions de lieues; c'est Mercure; puis vient Vénus, la plus brillante, et qu'on appelle souvent *l'Étoile du matin* et *l'Étoile du berger*; — ensuite la Terre avec sa *lune*; — plus loin, Mars; plus loin encore, un grand nombre de petites planètes qui suivent des ellipses très-rapprochées les unes des autres, ce qui a fait supposer qu'elles n'étaient que les débris d'une grande planète brisée par le choc de quelque comète dans des temps très-anciens; on en compte plus de 70, et rien ne prouve qu'il n'y en ait pas davantage. — Vient ensuite Jupiter, la plus grande des planètes; elle a près de cent mille lieues de circonférence; — quatre lunes l'accompagnent. — Plus loin est Saturne; planète qui, en outre de ses huit lunes, présente cette particularité étrange qu'elle est ceinte d'un anneau lumineux. Après Saturne arrive Uranus accompagné de six lunes. — Enfin, récemment une nouvelle

planète a été découverte au delà, **et nommée Nep-**
TUNE.

L'esprit est étourdi par l'idée des distances prodi-
gieuses auxquelles ces corps célestes font leurs évo-
lutions autour du soleil. Jupiter est à 175 millions
de lieues du soleil. Saturne est à une distance presque
double ; — et du Soleil à Uranus on a calculé 650 millions de lieues. Jugez quelle est la grandeur de l'ellipse que parcourt Uranus ! aussi cette planète met-
elle 84 ans à faire son tour de soleil ; — Saturne n'y
emploie que 29 ans, Jupiter 12 ; — mais Mercure, la
plus rapprochée du Soleil, fait son tour en 88 jours.
Quant à la Terre, qui reste 365 jours ou un an à accomplir le tour de son ellipse, elle est à 35 millions de
lieues du Soleil, éloignement tel, qu'une locomotive
de chemin de fer faisant trente-deux kilomètres à
l'heure, n'arriverait au Soleil que cinq cents ans après
avoir quitté la terre.

Voilà donc la terre bien déchue de l'orgueilleuse
place qu'on lui donnait jadis au centre du ciel, qui ne
semblait créé que pour tourner autour d'elle. Notre
planète suit modestement son chemin autour du soleil, en compagnie des autres ; suivons-la dans sa
marche annuelle, voyons se produire les nuits et les
jours, comment ils grandissent et décroissent, comment se succèdent les saisons.

Fort bien ! — Mais avant d'examiner comment la
terre marche, il est bon de savoir comment elle est.
— Ronde, me direz-vous, c'est la vérité, quoique,

dans les temps reculés on l'ait crue plate. Les preuves de sa ROTONDITÉ ne manquent pas ; pour en trouver, il n'y a qu'à examiner l'horizon soit dans les campagnes, soit sur mer. — L'HORIZON est l'étendue circulaire de la surface terrestre que notre œil embrasse et qui nous paraît borné tout autour par le ciel. — Que remarque-t-on ? C'est que toujours à la limite de cet horizon on voit les sommités des montagnes ou des édifices élevés, tours, clochers, sans en voir les bases. Pourquoi ? — C'est que la surface de la terre, s'abaissant graduellement de tous côtés, suit une courbure qui, aux bords de l'horizon, finit par disparaître aux regards avec les objets qu'elle porte ; — seulement quand les objets sont élevés, on en voit encore les sommités, tandis que les parties basses sont cachées. Le même effet se produit en mer quand un navire approche. On aperçoit d'abord le bout des mâts, qui se montrent de plus en plus à mesure qu'il s'avance ; enfin paraît le navire lui-même. Cet effet provient de la courbure de la terre. — Eh bien ! cette courbure est constatée sur tous les points de notre planète, et sa continuité produit en résumé un corps sphérique. — Autre preuve : l'ombre que la terre projette sur la lune, dans les éclipses de lune, est circulaire dans quelque position que la terre soit au moment de l'éclipse ; donc encore, la terre est ronde. — D'ailleurs toutes les autres planètes sont sphériques, la terre doit être comme elles ; — et cela est en effet, car tous les calculs des astronomes sont basés sur la rotondité de la terre ; et puisque ces calculs sont justes, c'est que la rotondité est réelle. Mais, me direz-vous, les hautes montagnes n'empêchent-elles pas la terre de paraître ronde ? — Non, car les plus hautes des montagnes, eu égard à la dimension de la terre, ne sont pas plus remarquables à sa surface que ne le sont les petites aspérités, de la peau d'une orange par rapport à ce fruit. — C'est bien étonnant ! — La terre est donc bien grosse ? — Si vous vouliez lui faire une ceinture d'une ficelle, mes enfants, il faudrait que cette ficelle eût 36, 000 kilomètres de long. Il faudrait ajouter bout à bout la ficelle de bien des cerfs-volants.

La sphère terrestre se partagea en deux portions ; l'ancien HÉMISPHÈRE c'est-à-dire, celui qui renferme es continents les plus anciennement connus, et le nouvel HÉMISPHÈRE, celui qui renferme l'Amérique. — *Hémisphère* signifie donc moitié de la sphère ; c'est bon à savoir. Mais la sphère, au lieu d'être divisée ainsi en deux de haut en bas, peut l'être en travers, de droite à gauche par le milieu de sa hauteur ; cela produit encore deux hémisphères qui sont appelés, celui d'en haut *boréal*, celui d'en bas *austral*. L sommet de l'hémisphère boréal se nomme PÔLE-NORD, ou *arctique*, ou *septentrional* ou *boréal* ; — le PÔLE-SUD, ou *antarctique*, ou *méridional*, ou *austral*, est le point correspondant et opposé dans l'hémisphère austral. Ces deux pôles sont deux des POINTS CARDINAUX de la terre, les deux autres sont l'EST ou ORIENT, toujours à droite de celui qui regarde le Nord, l'OUEST ou COUCHANT à gauche. — L'AXE de la terre est une ligne que l'on imagine passer par son centre et par les deux pôles. Retenons tous ces noms, mes enfants, nous nous en servirons tout à l'heure dans nos explications.

Ces cercles que l'on voit tracés dans tous les sens sur une petite sphère, et qui l'enveloppent comme un filet, n'existent pas en réalité sur la terre ; mais on les y a imaginés par la pensée pour préciser la position géographique des divers pays et leurs distances entre eux. En effet, ils forment en se croisant des infinités de cases, comme sur un damier ; — il devient alors très-facile de désigner le point de la terre où se trouve un pays, quand, après avoir numéroté tous les cercles, on dit les numéros de ceux qui forment la case ou les cases dans lesquelles ce pays est situé. — Ces cercles ont, en effet, reçu des noms et des numéros. — Celui qui sépare l'hémisphère boréal de l'hémisphère austral est l'ÉQUATEUR, c'est un *grand cercle*. — D'autres qui lui sont parallèles et qui sont tracés au-dessus et au-dessous de l'équateur, allant vers les pôles, sont de plus en plus petits ; aussi sont-ils nommés *petits cercles* et en même temps DEGRÉS DE LATITUDE. Il y en a 90 de l'équateur au pôle nord, qui marquent la latitude boréale, et autant de l'équate r au pôle sud, qui marquent la latitude australe ; chaque degré est de 100 kilomètres. Il y a donc 9,000 kilomètres de l'équateur au pôle, et 18,000 kilomètr es d'un pôle à l'autre en suivant la courbure de la terre. Les cercles qui se croisent aux pôles et font le tour de la terre

dans sa longueur sont tous des *grands cercles,* on les
appelle *degrés de longitude.* On en compte 360 autour
de la terre, à partir de celui que l'on fait passer sur
un lieu convenu, Paris, par exemple ; leur distance
sur l'équateur est aussi de 100 kilomètres ; mais elle
va diminuant vers les pôles, comme on s'en rend
compte facilement. — Le MÉRIDIEN d'un lieu est le grand
cercle que l'on peut imaginer passant sur ce lieu et
aux deux pôles, semblable à ceux qui marquent les
degrés de longitude. Chaque lieu de la terre peut imaginer pour lui un cercle pareil. Son nom *méridien*
vient de ce que, lorsque le soleil se trouve dans le
plan de ce cercle, il est midi pour tous les endroits du
même hémisphère sur lesquels ce cercle passe.

Comme vous voyez, mes enfants, les astronomes ne
se sont pas fait faute de cercles autour de la terre,
et, ma foi, s'ils avaient pu les y mettre autrement que
par la pensée, les hommes en seraient vraiment fort
embarrassés. Et encore je m'aperçois que j'en ai oublié quatre, ceux qui divisent la terre en ZONES, eu
égard à la température. Imaginez donc encore au
23° degré de latitude boréale, au-dessus de l'équateur,
et au même degré de latitude australe sous l'équateur, deux cercles qui lui soient parallèles ; ces deux
cercles seront : l'un, celui de l'hémisphère boréal, le
TROPIQUE DU CANCER ; l'autre le TROPIQUE DU CAPRICORNE ;
ils comprennent entre eux la ZONE TORRIDE. — Maintenant, en montant vers le pôle nord, supposons encore un cercle au 66° degré de latitude boréale, ce sera

le CERCLE POLAIRE ARCTIQUE ; — puis plaçons-en un pareil au même degré de latitude australe, nous aurons le CERCLE POLAIRE ANTARCTIQUE. — Bien ! — Entre les tropiques et les cercles polaires, sont les ZONES TEMPÉRÉES. — Puis au delà des deux cercles polaires restent les ZONES GLACIALES.

En avons-nous fini avec tous les cercles ? Pas tout à fait. Le ciel a, comme la terre son équateur et ses pôles, sa longitude et sa latitude, et les étoiles y sont classées et numérotées comme nos contrées et nos villes sur les cartes géographiques. — C'est fort ingénieux, sans doute, et je vous réponds que les marins le trouvent aussi fort utile, car les étoiles leur servent à se diriger sur la mer. Les astres ont été la première boussole (1).

Il est grand temps que nous voyons enfin la terre en mouvement. Nous avons dit que sa marche annuelle autour du soleil décrivait une ellipse. Cette ellipse, en astronomie, a un nom particulier et s'appelle ÉCLIPTIQUE ; — remarquons que l'écliptique est posé obliquement par rapport au soleil, relevé d'un côté, et par conséquent baissé proportionnellement de l'autre. — Ceci nous indique que la terre varie sans cesse sa position eu égard au soleil, puisque d'un côté de l'écliptique elle va toujours en montant et de l'autre en descendant.

(1) La BOUSSOLE consiste en un cadran où sont marqués les quatre points cardinaux et leurs subdivisions. Au centre, un pivot supporte une aiguille aimantée qui livrée à elle-même, dirige toujours sa pointe vers le nord.

J'ai à peine besoin de vous dire que, la terre étant ronde, le soleil n'en peut éclairer qu'un côté à la fois; — de ce côté il fait jour, — de l'autre il fait nuit. — Bien! — Mais si je me promène autour d'une table où est une lumière, je n'ai jamais que le même côté de mon corps d'éclairé; donc si la terre s'avançait de la même manière que je m'avance, moi, autour de ma lampe, el e ne présenterait toujours que le même hémisphère au soleil ; cet hémisphère aurait un jour perpétuel ; l'autre une nuit éternelle. Cela n'est pas ; la terre marche donc autrement. — En effet, tout en suivant l'écliptique, elle pivote sur elle-même autour de son axe, comme une toupie sur sa pointe. — Vous comprenez qu'alors chaque côté de la terre passe à son tour devant le soleil, reçoit sa lumière, puis la perd en continuant à tourner, et trouve l'ombre du côté où il n'est pas ; — revient ensuite en face du soleil, c'est le jour encore ; — puis lui tourne le dos, c'est encore la nuit, alors et ainsi de suite jours et nuits se succèdent. Oui, la terre est comme une immense toupie qui tournerait 365 fois sur sa pointe en parcourant l'écliptique ; — il s'en suit qu'au bout d'un an chaque point de sa surface a eu ses 365 jours et ses 365 nuits, qui font en les réunissant 365 fois 24 heures, car la terre met 24 heures à faire un tour complet sur elle-même, à présenter successivement toutes ses parties au soleil.

Vous serez surpris de ne pas sentir ce mouvement de la terre. Ce n'est pas extraordinaire cependant. —

On ne s'aperçoit que l'on change de place que quand
les objets varient autour de soi ; mais si tous les objets dont on est entouré demeurent toujours les mêmes, dans les mêmes positions, il devient difficile
d'apprécier le mouvement que l'on subit sans s'en
douter. — Ainsi, mes enfants, si vous voyagez sur un
bateau à vapeur le long d'un fleuve, descendez dans
la cabine, et là, ne regardant que l'intérieur, rien ne
pourra vous indiquer que vous faites un chemin ra-
pide, parce que tout ce que vous voyez autour de vous
m᷒che avec vous ; et même l'illusion est telle que, si
alors vous regardez au dehors par une fenêtre de la
cabine, il vous ᷍mblera encore que vous ne bougez
pas et que c'est la rive du fleuve elle-même qui s'en-
fuit à toute vitesse avec ses maisons, ses arbres, les
hommes et les animaux qui s'y trouvent. — La marche de la terre produit le même effet sur nous que
celle du bateau à vapeur. — Elle entraîne dans son
mouvement tout ce qui est sur sa surface, tel quel,
même l'atmosphère ; rien ne changeant autour de
nous, nous disons que nous ne bougeons pas et nous
croyons que c'est le soleil qui vient s'élever devan
nous, tandis qu'en réalité c'est nous qui passons de
vant le soleil.

Dans quel sens pivote la terre ? — C'est de droite à
gauche, quand on regarde vers le Sud : en effet, nous
avons l'Est ou l'Orient à gauche ; et supposons-nous
dans la nuit ; — nous avons le ciel étoilé sur nos tê-
tès, nous tournons à gauche sous sa voute qui alors,

elle, nous paraît fuir à droite ; et puis, voilà qu'à force de tourner à gauche, notre hémisphère commence petit à petit à se replacer devant le soleil, qui d'abord nous apparaît au bord de l'horizon, et semble s'élever peu à peu devant nous, tandis que c'est nous qui nous plaçons de plus en plus de front devant lui. — Mais nous continuons à tourner ; nous laissons le soleil sur notre droite ; notre horizon, par l'effet du pivotement, se met de plus en plus de profil devant le soleil, et enfin lui tourne le dos et nous le cache sous son bord occidental. Alors nous revoilà dans l'ombre et nous pourrons revoir les étoiles que l'éclat du soleil nous cachait. Ainsi se succèdent les NUITS et les JOURS.

La terre a dans l'année quatre positions principales par rapport au soleil. Le 21 mars, c'est l'ÉQUINOXE DE PRINTEMPS ; alors la terre, parfaitement à la hauteur du soleil, reçoit sa lumière de façon à être éclairée d'un pôle à l'autre dans l'hémisphère qui regarde le soleil, et le profil de l'ombre suit exactement de chaque côté un méridien. Tous les petits cercles parallèles à l'équateur et l'équateur lui-même sont divisés exactement en deux parts égales par l'ombre et la lumière ; — donc la terre qui tourne en 24 heures, laisse chacun des points de son pourtour 12 heures en vue du soleil ; 12 heures hors de sa présence. Voilà l'égalité du jour et de la nuit. — Notre planète pirouettant de droite à gauche, s'avance vers juin, en passant par avril et mai.

En suivant cette route, elle descend dans la partie basse de l'écliptique ; par conséquent le soleil la domine de plus en plus, et insensiblement il éclaire l'hémisphère boréal plus que l'hémisphère austral. La ligne d'ombre dépasse le pôle Nord et vient en avant du pôle Sud, tous les degrés de latitude de l'hémisphère boréal ne sont plus divisés également par moitié par l'ombre et la lumière. La partie éclairée est plus grande. Donc, jusqu'à la position du 21 juin, les jours vont toujours augmentant en proportion des nuits dans notre hémisphère boréal. Mais la terre cesse de s'abaisser le 21 juin ; ce moment où elle s'arrête dans sa pente s'appelle le SOLSTICE D'ÉTÉ. Continuant sa marche, elle remonte alors vers le niveau du soleil, du côté opposé à l'équinoxe de mars. On comprend qu'alors, en juillet et en août, le soleil domine de moins en moins la terre ; et l'ombre revenant vers le pôle Nord, qu'elle avait délaissé, et reculant en même temps vers le pôle Sud, qu'elle avait dépassé, se retrouve naturellement à l'ÉQUINOXE D'AUTOMNE, le 21 septembre, diviser la terre exactement comme en mars, — ce qui produit encore égalité des jours et des nuits.

Poursuivons le cours de notre année ; nous venons de parcourir la belle saison de l'hémisphère boréal, l'époque de ses longs jours et par conséquent de sa plus grande chaleur, le printemps et l'été ; — mais pendant ce temps l'hémisphère austral a eu ses jours courts, et par suite les rigueurs du froid. Voici venir son bon temps à lui ; notre automne et notre hiver sont pour lui le printemps et l'été.

En effet, à mesure que la terre en octobre et en novembre, suit la partie élevée de l'écliptique, elle présente de plus en plus son hémisphère inférieur au soleil, la lumière y gagne de l'espace tandis que l'ombre couvre une plus grande portion de l'hémisphère boréal. Ce sont nos jours courts. Avec eux le froid vient, le soleil nous paraît moins haut sur l'horizon, parce que nous nous sommes élevés vis-à-vis de lui. Enfin, le 21 décembre, la terre atteint le point le plus culminant de l'écliptique ; elle s'arrête dans sa marche ascendante, c'est le SOLSTICE D'HIVER. — Puis, en janvier et février, redescendant vers le niveau du soleil, elle ramène la ligne d'ombre dans la direction des deux pôles, nos jours croissent peu à peu et nous revoilà encore aux jours égaux, à l'équinoxe de printemps. Ainsi notre année est finie.

Autrefois, l'année commençait, en France, à l'équinoxe du printemps. C'est Charles IX qui, en 1564, la fit commencer au 1er janvier. La république de 1792 fixa à l'équinoxe d'automne le commencement de l'année et les mois reçurent des noms nouveaux. L'automne il y eut : vendémiaire (vendanges), brumaire (brume), frimaire (frimas). Pour l'hiver : nivôse (neige), pluviôse (pluie), ventôse (vent). Pour le printemps : germinal (germination), floréal (floraison), prairial (prairies). Pour l'été : messidor (moissons), thermidor (chaleur), fructidor (fruits). — En l'an XIV de la république (1806), on abandonna co calendrier pour reprendre le calendrier grégorien avec ses mois et sa semaine de sept jours, dont six tirent leur nom des planètes anciennement connues : la Lune, Mars, Mercure, Jupiter, Vénus, Saturne. Quant au dimanche, il était jadis consacré au Soleil, nous le consacrons au Seigneur.

L'aspect d'une sphère fait comprendre aisément comment chaque mois est accouplé à un signe du zodiaque. Mars a le BÉLIER parce que c'est sur ce signe que le seleil nous paraît passer à cette époque ; ainsi, en suivant, le soleil passe en avril sur le TAUREAU, en mai sur les GÉMAUX, en juin sur le CANCER, en juillet sur le LION, en août sur la VIERGE, en septembre sur la BALANCE, en octobre sur le SCORPION, en novembre sur le SAGITTAIRE, en décembre sur le CAPRICORNE, en janvier sur le VERSEAU, et en février sur les POISSONS.

Avant de quitter la terre, mes enfants, un mot sur son atmosphère.

La couche d'air qui environne la terre a dix-huit lieues d'épaisseur ; elle joue un rôle important pour nous. Outre qu'elle offre à nos poumons un élément essentiel de notre existence, elle fait l'office d'un manteau autour de la terre, en lui conservant dans la nuit une partie de sa chaleur du jour qui, sans l'atmosphère, serait aussitôt perdue dans l'espace. Sans l'air nous n'aurions ni le crépuscule du soir, ni celui du matin. C'est lui qui, frappé par la lumière avant qu'elle nous parvienne, s'en pénètre, la propage jusqu'à nous et nous ménage ainsi la transition de la nuit au jour ; — de même le soir, il reçoit encore la lumière longtemps après que le soleil a disparu à nos yeux, et il nous transmet ainsi des lueurs qui, s'affaiblissant, nous conduisent à la nuit. — Enfin l'air nous garantit de la trop subite et trop vive action des rayons du soleil ; — et par un effet qu'on appelle réfraction nous fait voir les astres avant qu'ils soient réellement en vue, et encore après qu'ils ont disparu.

Le BAROMÈTRE est un instrument qui sert à déterminer le poids de l'atmosphère par la plus ou moins grande élévation qu'elle occasionne sur une colonne de mercure que contient un tube de verre gradué. En montant sur une montagne, le mercure baisse, parce que la colonne d'air superposée devient moins épaisse et dès lors moins lourde. On sait que tant de mètres de hauteur répondent à tant de degrés d'abaissement du mercure, on en conclut la hauteur de la montagne. C'est l'italien Toricelli qui a inventé le baromètre. — Le THERMOMÈTRE, tube garni d'esprit-de-vin, est destiné à indiquer l'intensité du froid ou du chaud. On met zéro à l'endroit qu'il indique plongé dans la glace fondante ; les degrés sont marqués à partir de ce point au-dessus et au-dessous.

Maintenant quelques mots sur la LUNE, mes enfants, elle les mérite bien comme compagne de la terre et flambeau de nos nuits. Elle a environ 3,200 kilomètres de diamètre et, comme toutes les planètes, reçoit sa lumière du soleil. A mesure que la terre, en pivotant sur elle-même, circule autour du soleil, la lune, elle, suit la terre et tourne autour d'elle dans l'espace de 29 jours. — De sorte qu'à peu près chaque mois la lune accomplit sa révolution terrestre. Il en résulte qu'au bout de l'année la trace de la marche de la lune autour de la terre et du soleil produirait une sorte de figure festonnée. Chaque lunaison ne comprenant pas 80 jours, il s'ensuit qu'au bout des 12 mois la 43e lunaison est commencée quand l'année nouvelle arrive. Chaque année compte donc à peu près 12 lunes et demie. Cherchons l'explication des PHASES MENSUELLES DE LA LUNE. Il est curieux, en effet, de la voir tantôt ronde, tantôt demi-ronde, tantôt en croissant, et puis de ne plus la voir du tout. — Disons d'abord que la lune dans sa marche montre toujours son même côté à la terre, absolument comme je vous ai dit plus haut, que je faisais, mes enfants, en me promenant autour d'une lampe. La lune n'a donc fait un tour sur elle-même qu'après qu'elle en a fait un autour de la terre. —Suivons ses phases.

Quand la lune se trouve entre le soleil et la terre, elle tourne son dos sombre à la terre ; — nous ne la voyons pas, et nous disons : c'est nouvelle lune. Marchant de droite à gauche, à mesure qu'elle arrive un peu sur la gauche de la terre, on aperçoit le bord de la partie éclairée qui forme un mince croissant. Plus elle gagne en arrière, sur la gauche de la terre, plus elle montre de sa partie tournée vers le soleil et dès fors lumineuse, — plus le croissant s'emplit : il devient premier quartier. Puis tournant toujours et passant haut derrière la terre, la lune nous montre sa face éclairée tout entière : c'est pleine lune. Enfin elle passe sur la droite de la terre et sa partie brillante va diminuant à nos yeux, parce que la lune prend les devants sur nous. Son dernier quartier arrive et puis petit à petit son croissant s'amincit, et, nous tournant définitivement le dos, elle échappe encore à nos regards.

Si la lune, en ce moment, se plaçait directement eutre le soleil et la terre. il arriverait ce qui arrive en effet quelquefois, l'ombre de la lune viendrait frapper sur la terre, et, cela est facile à comprendre, il y aurait ÉCLIPSE DE SOLEIL pour les pays que cette ombre couvrirait. Si, au contraire, c'était la terre qui se trouvât entre le soleil et la lune, elle intercepterait les rayons solaires à la lune et il y aurait éclipse de lune. Souvent les éclipses sont partielles, et il n'y a qu'une partie de la lune couverte par l'ombre de la terre. N'oublions pas que c'est principalement à l'influence de la lune que sont dus les mouvements périodiques des océans, les marées.

Mes enfants, ce que nous venons de voir sur la marche de la terre est à peu près la même pour toutes les autres planètes qui ont aussi le double mouvement sur elles-mêmes et autour du soleil. Quant aux lunes, elles ont également toutes la même manière d'exécuter leurs révolutions.

Les autres planètes sont-elles habitées comme la
terre ? Dieu seul le sait. On a beaucoup observé la lune.
Des astronomes ont prétendu y voir des marques de
travaux humains. D'un autre côté, il est à peu près
prouvé qu'elle n'a pas d'atmosphère et que, par conséquent, des hommes comme nous n'y sauraient vivre.
Quoi qu'il en soit, un fait est certain, c'est que la plupart des étoiles que nous voyons aux limites de notre
sphère céleste sont des millions de fois plus grosses et
plus éclatantes que notre soleil. Dieu ne les a-t-il placées là-bas que pour éclairer d'immenses déserts? ou
plutôt ne sont-elles pas autant de soleils qui éclairent
autant de mondes ?

En finissant, un mot sur les COMÈTES, mes enfants.
Ce sont des astres étranges qui paraissent n'apparte-
nir à aucun des systèmes célestes et qui viennent les
traverser de temps à autre, ou précédés d'une cheve-
lere ardente ou suivis d'une queue lumineuse, et me-
naçant de jeter la perturbation dans les astres. Mais
ne craignez rien, enfants : ces comètes, dans leur va-
gabondage apparent, sont dirigées par le doigt de
Dieu. Déjà les savants ont entrevu la régularité de
leurs courses suivant des ellipses infinies, et le retour
périodique de plusieurs comètes est déjà calculé. —
Les anciens étaient terrifiés par leur apparition. Quant
à nous, nous n'y voyons qu'un témoignage de plus de
la puissance divine ; et, mes enfants, n'ayons jamais
peur que d'une chose, — du mal.

A TRAVERS CHAMPS

LES PLANTES

Tu aimes la campagne, mon enfant ; mais ce que tu y aimes, ce n'est pas la terre aride, le rocher sec et nu, ce qui te plaît, c'est l'herbe sous tes pieds, le feuillage des arbres sur ta tête, ce sont les fleurs à mille couleurs, à mille parfums, qui garnissent autour de toi plantes et arbustes.

Toutes ces choses charmantes que tu aimes, il faut les connaître un peu, mon ami, et je vais t'y aider, écoute :

Dieu a mis des plantes partout, depuis le sommet des montagnes jusqu'au fond des mers. Leur nombre et leur variété émerveillent l'œil et la pensée. Quelle magnifique et gracieuse décoration elles forment, aussi admirables dans l'ensemble des forêts, des prairles et des vallons ombragés que dans une simple touffe de la mousse la plus mignonne!

La vie végétale est répandue partout; elle circule en tout sens à travers les terres, elle nage dans les profondeurs des océans, stimulant les germes et les racines; elle voltige dans les airs d'une façon invisible, ne demandant qu'un petit coin, le moindre point d'appui, pour produire une plante nouvelle.

Il arrive parfois, mon ami, que de nouvelles îles apparaissent dans la mer. Elles sont produites, tantôt par des volcans sous-marins qui soulèvent des masses de rochers, tantôt par de petits animaux nommés néréides. Ces néréides vivent attachés à une maison comme le limaçon; seulement le limaçon traîne la sienne, mais le néréide ne change pas de place, sa petite maison, qui est une sorte de pierre très-dure, étant attachée aux rochers du fond de l'eau. Des millions et des milliards de néréides vivent ainsi et meurent au même endroit, les dernières s'élevant toujours au-dessus des précédentes, et chacune ajoutant à la masse sa petite maison de pierre. C'est ainsi que ces animaux, en s'accumulant pendant un grand nombre de siècles, finissent par atteindre la surface de la mer, et alors forment une île. Ces sortes de rochers s'appellent coraux. Si la manière dont se forment ces îles de coraux est surprenante, mon ami, la manière dont la végétation y commence ne l'est pas moins, surtout quand ces îles sont éloignées de plusieurs centaines de lieues de toutes terres. Qui y ap-

portera la semence ? C'est l'air ; car à peine le rocher
est-il exposé à son influence, qu'un réseau de filaments veloutés se montrent à sa surface ; ces filaments ressemblent à des taches colorées qui s'allon-
gent et s'étendent de droite et de gauche. En les regardant avec le microscope, on reconnaît que ce sont
de véritables plantes. A la longue, elles se décompo-
sent et prennent une teinte sombre ; alors elles deviennent le terrain sur lequel s'étend à son tour un
beau lichen blanc comme neige, et sur ces rochers,
un jour, au bout de milliers d'années, de magni-
fiques palmiers élèveront leurs cimes couvertes de
cocos.

Ce n'est pas sans dessein que la Providence a mis
partout le germe de la vie végétale ; car si la végétation est une merveilleuse parure pour la terre, elle
est encore la source où tout ce qui respire puise sa
substance.

Les plantes donnent leur nourriture à tous les animaux. Chacune a pour mission d'alimenter des espèces particulières. A l'homme, elles donnent encore
la guérison dans ses maladies, et les mille matières
que demande l'industrie, bois, huiles, fils, couleurs,
résines, essence, gomme, parfums, etc.

Les plantes améliorent les terres arides par l'humidité qu'elles conservent sous leur ombre et par
l'engrais que produit la décomposition des feuilles qui
tombent. Les racines arrêtent et fixent la terre végétale sur un sol stérile ; elles la garantissent au bord,

des atteintes et ravage des eaux qui l'ont entraînée.
généralement les éboulements ont lieu sur le flanc.
Ailleurs, les plantes, en s'accumulant sur les terrains marécageux élèvent le niveau, et finissent
par les combler et les dessécher. Les grands arbres
des forêts attirent les nuages ; et les nuages donnen
à la végétation deux excellentes choses, l'électricité et
la pluie. Le soleil et l'air dessèchent promptement la
terre nue : au contraire, sous les grandes ombres des
bois se forment les sources qui alimentent les ruisseaux, les rivières et les fleuves, et font circuler la
fraîcheur et la vie dans les campagnes. Le voisinage
des forêts égalise encore la température, l'adoucit
pendant l'hiver, la rafraîchit en été. Les arbres assai-
nissent l'air que nous respirons en y produisant abon-
damment un gaz bienfaisant qui contre-balance les
effets du gaz nuisible qu'exhalent les animaux. Dans
les marais que la décomposition des végétaux aquatiques rend si malsains, il est certaines plantes des-
quelles les rayons du soleil font dégager à profusion
ce gaz vivifiant, l'oxigène, qui purifie la fétidité de
l'atmosphère.

Les plantes nous sont si sympathiques que, de tout
temps l'homme en a fait des emblèmes de ses sentiments. Associant l'idée de la végétation et de ses
bienfaits à l'idée divine, l'antiquité païenne avait
consacré à chaque divinité un arbre ou une plante.
Un grand nombre de peuples avaient personnifié leur
nationalité dans certains arbres devenus l'objet de la

vénération publique (1). Aujourd'hui encore les Arabes des environs du Liban voient des êtres divins dans les derniers cèdres qui couronnent leurs montagnes. La pensée de certains arbres se confond tout particulièrement avec celle de la patrie. On a vu des exilés pleurer d'attendrissement à la vue d'un arbre de leur pays sur la terre étrangère (2).

Les plantes sont une admirable création de Dieu ; elles ne nous inspirent que des pensées douces, honnêtes et religieuses, et élèvent notre âme vers le ciel.

Voilà, mon ami, pour les plantes en général ; étudions-les un peu en particulier à présent. Nous verrons encore plus d'une chose fort curieuse.

Nous allons passer en revue une à une les diverses parties des plantes. D'abord les RACINES. Elles sont de différentes sortes ; les unes s'enfoncent perpendiculairement en terre comme un pivot : ainsi la rave, la carotte ; on les appelle *pivotantes simples* ; d'autres sont subdivisées et présentent un grand nombre de

---

(1) Le chêne était l'arbre sacré des Gaulois. Dans l'île de Crète, on révérait un platane ; à Éphèse, un orme ; à Athènes, un olivier ; à Delphes, un laurier. Au moment de la découverte des îles Canaries, les naturels y adoraient un dragonnier gigantesque.

(2) M. de Bougainville, au siècle dernier, avait amené à Paris un jeune indigène d'Otaïti. Un jour, on le conduisit dans une serre où croissait un palmier. En apercevant cet arbre de sa patrie, le jeune Otaïtien se précipita vers lui, et, les larmes aux yeux, le pressa dans ses bras en s'écriant : « C'est Otaïti ! » Et, montrant les autres arbres, il disait : « Ce n'est pas Otaïti. » — M. Bernardin de Saint-Pierre cite un habitant de l'île de France qui assis tristement à l'ombre des bananiers disait tristement : « Si seulement je voyais de la violette ! »

ramifications qui vont toujours diminuant de grosseur et dont les dernières, les plus déliées, prennent les noms de *chevelu*; ces racines sont appelées *pivota- tes*, *rameuses* : ainsi celles des chênes, des frênes, de peuplier. Les racines *bulbifères* sont celles au-dessus des quelles se forme une bulbe ou oignon : le lis la tulipe. La racine du blé est une *fibreuse*; elle se compose de filaments partant tous d'un même point; il y a même des arbres très-élevés qui ont des racines fibreuses : les palmiers, par exemple. La racine *tubérifère*, c'est-à-dire qui porte des tubercules, est celle de la pomme de terre, du dahlia. Ce sont ces masses charnues et plus ou moins grosses qu'on nomme tubercules. Maintenant il est d'autres variétés de racines qui, selon leurs formes, sont désignées par des noms spéciaux ; celle du chiendent est dite *traçante* ; celle des renoncules est nommée *griffe*, parce qu'elle a une forme crochue.

Les racines ont pour mission d'aller pomper dans la terre les sucs nécessaires à la nutrition des plantes; aussi la durée de la vie des végétaux dépend de celle des racines ; quand elles ne vivent qu'un an, la plante est appelée *annuelle; bisannuelle* quand la racine a une existence de deux années. Les racines qui vivent plus longtemps sont celles que l'on nomme *vivaces*, et *ligneuses* si elles forment bois. N'est-il pas surprenant, mon enfant, que le mince et faible chevelu qui forme les racines, en s'allongeant et s'enfonçant chaque année chez les plantes vivaces, puisse percer

la masse compacte et dure des terres qu'il traverse
En outre, l'arbre, en prenant de la hauteur et dè l'ampleur, a besoin d'être plus fortement attaché à la terre ; les racines le consolident en s'enfonçant davantage chaque année. Les arbres des montagnes, ceux qui croissent dans les rochers ou sur ies hauteurs battues des vents, disposent leurs racines avec une sorte d'intelligence merveilleuse pour résister aux efforts qui pourraient les renverser ; on trouve ces racines toujours plus vigoureuses et plus multipliées du côté où l'arbre fait résistance. Si des fentes de rochers sont voisines, on est certain que les racines vont s'y cramponner avec force.

Il faut remarquer encore que certaines racines n'ont pas besoin d'être dans la terre. L'eau suffit à beaucoup de plantes aquatiques qui croissent en nageant à la surface. Il est même quelques plantes extraordinaires des pays chands qui ne demandent ni terre ni eau, elles prennent toute leur nourriture dans l'air. Elles croissent et fleurissent suspendues à un arbre ou à un rocher.

Au-dessus des racines, nous rencontrons les TIGES.

Un *tronc* est une tige robuste se ramifiant à une certaine élévation du sol et composée intérieurement de couches cylindriques emboîtées les unes dans les autres et de plus en plus dures vers le centre de l'arbre. On distingue aisément ces couches formant une infinité de cercles concentriques quand un tronc est scié en deux. Chacune de ces couches indique une année de vie de l'arbre. Les plus vieilles sont au cœur, les plus nouvelles à la surface du bois, sous l'écorce. Voilà la conformation et le mode de croissance de ce qu'on appelle le tronc. — Le *stipe* est comme une colonne ordinairement sans ramification et se terminant par une couronne de feuillage unique. Cette tige ne forme pas de couches intérieures comme le tronc ; elle n'a que des fibres qui ne sont disposées dans aucun ordre. Le stipe, à l'opposé du tronc, s'accroît par le centre où se produisent les fibres nouvelles, et qui est moins dur que la circonférence. Le stipe est principalement la tige des palmiers. — Dans le *chaume*, cette tige est creuse et divisée d'espace en espace par deux nœuds ; c'est celle du blé, des bambous, des roseaux. — Sur un tronc de chêne on trouve un lierre à la *tige grimpante* ; il s'attache à l'écorce au moyen de crampons. — La *tige charnue* caractérise les plantes grasses, cactus, cierges du Pérou, qui sont composées d'une sorte de pulpe verte et épaisse. — Le liseron et le chèvrefeuille ont des tiges nommées *volubiles*, parce qu'elles s'enroulent autour de leurs supports. Une chose assez singulière à remarquer, c'est que chaque plante à tige volubile s'enroule d'un côté déterminé : le liseron, le haricot de droite à gauche ; le chèvrefeuille, le houblon de gauche à droite. Les plantes souffrent ou meurent si l'on veut changer forcément leur direction. — La tige qui s'élève sur les corps voisins au moyen de *vrilles*, comme la vigne, est nommée *sarmenteuse*. — Le support d'une fleur, quand il sort directement de terre, comme dans le narcisse ou la jacinthe, s'appelle *hampe*. — Les tiges prennent encore bien d'autres noms, selon leur consistance, leur direction, la nature de leur écorce.

L'écorce joue un rôle important dans les végétaux. Elle protége les couches nouvelles du bois contre les influences de l'air et de l'humidité, contre les attaques des insectes. Ce n'est pas pour rien que Dieu y a mêlé en abondance cette substance incorruptible, le tannin, que nous en extrayons pour rendre nos cuirs imperméables.

Il y a des plantes qui n'ont pas de tiges : on les appelle plantes *herbacées*. On appelle aussi tiges *herbacées* celles qui meurent tous les ans. Quelques-unes ont leur base dure et persistante en hiver : on les nomme *sous-ligneuses*. Enfin les *ligneuses* sont celles qui se convertissent en bois. Les végétaux ligneux sont des arbustes ou des arbrisseaux quand ils se ramifient dès leur base ; ce sont des arbres s'ils ont une tige nue dans sa partie inférieure.

Les dimensions des tiges des végétaux prennent quelquefois, mon ami, et surtout dans les pays chauds des proportions gigantesques. Le stipe du palmier à cire dans les Andes de la Nouvelle-Grenade s'élève jusqu'à 69 mètres. Le tronc des baobabs, en Afrique, prend une circonférence de 20 mètres. Un dragonnier dans les îles Canaries, un châtaigner en Sicile des platanes sur les bords de l'Ohio en Amérique, ont des troncs dont le diamètre atteint ou dépasse 5 mètres.

Il est des tiges qui ne sont presque jamais surmontées de branches, comme les stipes et les chaumes. Les troncs, au contraire, se divisent, à une certaine hauteur, en *branches* et en *rameaux*, composés de couches concentriques et d'écorce, absolument comme le tronc. — Maintenant, que produisent ces rameaux à leur tour quand la sève travaille ? Des BOURGEONS.

Si le stipe ne produit pas de branches, il ne grandit pas moins pour cela, et chaque année il présente à son extrémité un gros bouton qui est un véritable bourgeon. Il en sort des feuilles, puis des fleurs, qui forment un énorme bouquet couronnant la tige. — Examinons une branche de prunier ; elle présente des bourgeons de diverses sortes, les uns allongés et nommés *boutons à bois*, parce qu'ils ne produiront que des rameaux ; les autres arrondis et nommés *boutons à fruit*, parce qu'ils renferment des fleurs et par conséquent des fruits. Les écailles recouvrent et protégent les fleurs. Dans les climats tempérés et froids, elles sont souvent enduites d'une matière résineuse et doublées à l'intérieur d'un duvet abondant pour bien préserver de l'humidité et des gelées les parties délicates qu'elles contiennent. Ces soins charmants de la nature, mon ami, rappellent ceux d'une bonne mère qui, de peur du froid l'hiver, emmaillotte bien soigneusement ses chers enfants. Les plantes herbacées ont leurs bourgeons à fleur de terre ; on les appelle *urions*.

L'été approche, les bourgeons s'enflent, s'entr'ouvent. Qu'en sort-il? Feuilles, fleurs et fruits. — Voyons les FEUILLES d'abord.

Les feuilles sont des organes qui servent à la respiration et à la transpiration des végétaux, car les végétaux respirent et les feuilles sont leurs poumons. Elles pompent dans l'air ce qui leur est nécessaire au moyen d'un réseau de nervure et de veines. Il y a d'autres feuilles, celle de tulipe, celle de blé, par exemple, qui ont leurs veines parallèles au lieu de les avoir en réseau. Les plantes dont les tiges sont des stipes ou des chaumes n'ont que des feuilles à nervures parallèles, tandis que les plantes dont les tiges sont des troncs ont des feuilles à nervures en réseau. Parlons aussi de la queue des feuilles; on la nomme *pétiole*. Mais souvent les feuilles n'ont pas de pétiole comme celles de la tulipe et du blé; on dit alors qu'elles sont *sessiles*. Les feuilles du chêne se distinguent par cette particularité qu'elles ne tombent à l'automne qu'après s'être complétement desséchées sur l'arbre. Les feuilles de ce genre sont dites *marcescentes;* celles qui tombent avant de se dessécher sont *caduques*, comme celles du platane. Il en est d'autres qui demeurent vertes et passent l'hiver sur l'arbre; ce sont les feuilles *persistantes*.

Jusqu'ici nous n'avons parlé que des feuilles *simples*, il y en a de *composées*, celles d'acacia et de trèfle, c'est-à-dire qu'elles sont formées par la réunion de plusieurs folioles. L'acacia me rappelle qu'il y a des feuilles, particulièrement de diverses sortes d'acacia, douées d'un certain mouvement remarquable pendant l'absence de la lumière. Dans le baguenaudier, les folioles se collent la nuit l'une contre l'autre, comme les feuilles d'un livre ; celles du trèfle forment un pavillon au-dessus des fleurs ; l'amarante tricolore roule ses feuilles en cornet autour des jeunes pousses ; la balsamine forme des siennes une voûte qui couvre les fleurs inférieures. Ce n'est pas seulement la nuit qui produit de pareils phénomènes. Ainsi la sensitive contracte ses feuilles aussitôt qu'on la touche. Une plante d'Amérique attrape les mouches qui viennent se poser sur ses feuilles en les fermant aussitôt.

Presque toutes les feuilles des arbres sont vertes, mais il en est cependant de rouges ; celles de la vigne-vierge le deviennent longtemps avant de tomber ; d'autres sont panachées de jaune ; celles du tremble sont blanches du côté inférieur ; mais les teintes du vert varie à l'infini dans les feuilles et produisent les plus charmants effets dans les paysages. Généralement les feuilles sont brillantes du côté qui regarde le ciel, mais le côté tourné vers la terre est terne et souvent garni d'une espèce de duvet ; c'est qu'un côté doit réfléchir la lumière, et l'autre absorber les gaz de l'atmosphère. Les feuilles sont encore disposées de façon à faire couler l'eau des pluies aux pieds de la plante, ou à l'en écarter, selon qu'elle en a besoin ou non. L'orge qui vient dans les lieux secs a la feuille creusée en petit canal pour amener à la racine les eaux du ciel qu'elle reçoit. Les formes des feuilles sont innombrables et changent dans chaque plante ; on voit des feuilles rondes, ovales, dentées, en cœur, en fer de lance, échancrées et sinueuses comme celles du chêne, en lames de sabre comme celles de l'iris, en aiguille comme celles du pin, en évantail ou pinnées, c'est-à-dire en forme de plumes, comme celles des palmiers, cylindriques comme celles de l'oignon. Quant aux dimensions des feuilles, c'est encore l'infini. Il y en a de presque imperceptibles, et une feuille du talipot de Ceylan abrite vingt personnes contre le soleil ou la pluie.

Passons aux FLEURS. C'est la partie la plus intéressante des végétaux. Prenons-en une de prunier : nous la voyons d'abord entière avec son *pédoncule*, c'est-à-dire sa queue. La fleur du prunier est ce qu'on appelle une fleur complète, c'est-à-dire un *calice*, une *corolle*, des *étamines* et un *pistil*. La corole présente cinq pétales blancs. La corolle est la partie la plus brillante des fleurs ; c'est elle qui, dans les roses, les œillets, les tulipes, les dahlias, dans toutes les fleurs enfin, prend ces couleurs brillantes qui ravissent le regard. — Voyons maintenant ce qui reste de la fleur dépouillée de sa corole. La partie circulaire, découpée en cinq dents, est le calice ; tous les petits filets minces surmontés d'un point, nommé *anthère*, sont les *étamines*. Le *pistil* plus gros est au centre et se termine par une petite masse qui prend le nom de *stigmate*. — Pour le mieux voir enlevons le calice et les étamines ; — le voilà qui nous reste seul perché sur la tête arrondie du pédoncule. — Cette partie arrondie, c'est l'*ovaire*, c'est ce qui deviendra le fruit. Les étamines et les pistils ont des formes qui varient dans chaque fleur. Dans la fleur du prunier, le pistil domine les étamines ; dans d'autres, c'est l'inverse. Parfois les étamines sont unies par leurs anthères et forment un anneau autour du pistil.

Les étamines portent sur leurs anthères une poussière ordinairement jaune qu'on a appelée *pollen*. Ce pollen, quand la fleur est bien épanouie, se détache des anthères à un moment donné et tombe ou s'envole. Eh bien ! il faut qu'il parvienne sur le stigmate du pistil où il s'attache ; et alors cette poussière pénètre dans l'ovaire en y descendant par le petit tube que présente la partie allongée du pistil et qu'on nomme *style*. Le fruit alors existe, il n'a plus qu'à grossir et mûrir ; il y a des espèces d'arbres, les dattiers, par exemple, qui n'ont jamais, les uns que des fleurs à étamines, les autres que des fleurs à pistil.— Eh bien ! dans ce cas, la poussière des étamines est portée au pistil, tantôt par le vent, tantôt par une abeille ou une guêpe, ou un papillon ; quelquefois un grand espace, même la mer sépare ces deux arbres.

Pourtant la poussière des anthères, des étamines arrive au stigmate du pistil.

Cette corole de la fleur du prunier paraît ne servir à rien pour la production du fruit ; elle est cependant indispensable. Quant on veut se chauffer au soleil, ce n'est pas un endroit non abrité que l'on cherche, on

se place de préférence contre un mur exposé au midi.
—Eh bien ! les étamines, pour préparer leur poussière, le pistil, pour le recevoir, ont besoin de chaleur; le soleil ne leur en fournirait pas suffisamment s'ils étaient isolés ; aussi Dieu a mis tout auprès d'eux le petit mur blanc que nous appelons corolle, qui leur ramasse et leur concentre les rayons du soleil.

La forme de coupe qu'a la fleur en rose du prunier est très-propre à réunir les reflets du soleil sur le pistil et les étamines ; c'est du reste la couleur blanche qui réfléchit le mieux à la lumière ; cette forme en rose et cette couleur blanche ont été données aux fleurs de nos arbres fruitiers qui s'ouvrent alors que le soleil n'est pas encore chaud et qui avaient besoin de ce petit réverbère pour les réchauffer. — Aussi les fleurs en rose et toutes celles dont les pétales, plus ou moins nombreux, sont disposés en cercle autour du pistil et des étamines, de manière à venir refléter la chaleur, toutes ces fleurs sont spéciales à nos climats tempérés et à ceux qui sont plus froids ; de même que celles qui forment bouquet et sont réunies en ombelle, en épi, en cône, en chaton ; leur masse reçoit et retient mieux la chaleur. Dans les pays chauds les fleurs ont, en général, d'autres formes destinées à les garantir plus ou moins de l'accès du soleil. La fleur en papillon, comme celle des pois, y est commune ; d'autres ont des formes plus bizarres encore, ou bien renversent leur corolle, comme la frétillaire impériale, et en font un parasol pour leurs étamines et leur pistil. Les palmiers,

les bananiers cachent leurs fleurs sous leurs larges
feuilles. Le riz et le mil, graminées des pays chauds,
forment des panaches légers ou panicules présentant
peu de surface à la chaleur. Le maïs est couronné
d'un long chevelu dont il couvre son épi. La nature
trouve encore dans la variété des couleurs les moyens
de mesurer à chaque fleur la chaleur qu'il lui faut,
puisque chaque couleur, selon qu'elle est obscure du
claire, absorbe ou renvoie les rayons.

La belle de nuit est une fleur *monopétale*, c'est-à-
dire que sa corolle est formée d'un seul pétale, tandis
que celle de la fleur du prunier en a cinq et s'appelle
dès lors *polypétale*. — Il est des fleurs qui manquent
tout à fait de pétales, de simples écailles leur en
tiennent lieu ; ainsi celles du blé et de divers grands
arbres ; d'autres, comme la tulipe, ont une brillante
corolle et n'ont pas de calice.

La Reine-Marguerite est une fleur composée, car
outre les fleurs *simples* dont nous avons parlé, il y a
des fleurs *composées*. Cela veut dire qu'elles sont une
réunion de petites fleurs simples appelées fleurons ou
demi-fleurons, entourées d'une même enveloppe, d'un
calice commun. Ainsi il ne faut pas confondre, mon
ami, une fleur composée avec une fleur double. La
fleur double ne renferme en réalité qu'une seule fleur
dans laquelle l'art du jardinier est parvenu à multiplier les pétales aux dépens des étamines et des pistils ; c'est pour cela que bien souvent les fleurs doubles
ne font pas de graine.

Pour comprendre la variété et la beauté infinie de forme et de couleur des fleurs, il suffit de nommer le lis, la rose, l'œillet, le lilas... et toutes enfin. Dans le Mexique et le Pérou, les étranges fleurs de la famille des Orchidées rappellent tous les insectes par leur structure, araignées, mouches, scarabées. Quant à la grandeur des fleurs, elle varie des dimensions mignonnes de la fleur bleue des ruisseaux, le *ne m'oubliez pas*, à celles de la fleur du *titan* de Sumatra, qui pèse 7 kilos et dont la corolle a 1 mètre de large; mieux encore, la *Victoria regina*, fleur aquatique de la Guyane anglaise, découverte en 1837, est large de 1 mètre et demi et sa corolle réunit plusieurs centaines de pétales qui passent du blanc au rose.

Mais la fleur une fois passée, le FRUIT grossit et mûrit.

Les fruits sont désignés sous différents noms, d'après la forme qu'ils affectent. Ainsi la belsamine porte une *capsule,* ainsi nommée, parce que, dès que les graines qu'elle renferme sont mûres, elle se fend en long sur plusieurs points, et, par un mouvement de contraction, lance au loin la semence. Dans le fruit il y a deux choses, la semence ou *graine* et une enveloppe qu'on nomme *péricarpe.* Le péricarpe, dans le haricot et le pois, c'est la cosse; dans la pomme, c'est la pulpe; dans la noix, c'est la coquille; l'enveloppe des semences est, comme tu le vois, de nature bien différente suivant les fruits. — On appelle *siliques* et *légumes* les fruits en gousses sèches comme ceux du

chou et du haricot. — **La** *pomme* **est le type des fruits
à pepins avec péricarpe charnu.** — Le fruit à noyau
a reçu le nom de *drupe*, ainsi est l'olive, la cerise, l'a-
bricot. — La noisette nous représente le fruit à *coque*;
la pomme de pin, les fruits en *cône* la grappe de raisin, les fruits en *baies;* c'est-à-dire ceux dont la semence est renfermée dans un péricarpe mou. — Enfin
la frambroise nous rappelle les fruits *composés*, c'est-
à-dire qui sont une agrégation de petits fruits produits
par des germes distincts, mais qui, en grossissant et
mûrissant, se sont soudés ensemble. **La mûre**, l'ananas sont encore de ce genre.

Toutes les plantes de la terre produisent des semences, et ces semences, destinées à produire des
végétaux semblables, se répandent en tout sens sur la
surface de la terre. Tout travaille à ce transport, à cet
ensemencement de graines, les eaux, le vent et les
animaux de toute espèce. Les semences destinées par
la nature à voyager sur les eaux sont en partie confor-
mées en nacelles, d'autres ont une enveloppe de duvet
qui les maintient sur l'eau en les garantissant de son
contact. Les noyers aiment les vallons, les bords des
eaux; les noix sont de véritables petits bateaux. —
Les cocotiers ombragent les rives des îles du grand
Océan ; aussi leur fruit à coque solide peut tomber dans
la mer les vagues l'emportent au loin et vont l'é-
chouer sur un rivage où dans quelques années s'élè-
vera un nouveau cocotier. Les graines des plantes de
terrains secs ont de petits ailerons comme celles du

sycomore, ou des aigrettes soyeuses comme celles de la clématite, pour que le vent les emporte mieux.

En examinant de près toutes les semences, on a reconnu qu'elles se composaient d'abord d'un *germe* et puis d'une enveloppe plus ou moins épaisse, qui nourrit le germe dans la terre en attendant qu'il ait pu pousser une racine. Cette enveloppe, d'une seule pièce dans le grain de blé, divisée en deux dans le haricot et le pois, cette enveloppe est le corps cotylédonaire, composé dès lors d'un seul morceau ou *cotylédon* dans le blé, et de deux cotylédons dans le haricot et le pois ; il est des plantes, les mousses, les lichens, les fougères, les champignons, les algues dont le germe n'est pourvu d'aucun cotylédon. — Ces observations, faites sur les semences, ont conduit à une grande division des végétaux en végétaux sans cotylédon ou *acotylédones*, végétaux à un cotylédon ou *monocotylédones*, végétaux à deux cotylédons ou *dicotylédones*. Toutes les plantes de la terre rentrent dans ces trois classes où on les a groupées et distinguées par famille et tribus d'après les ressemblances de leurs fleurs ou de leurs fruits. Ainsi on est parvenu à classer avec ordre et méthode les 60,000 plantes connues et étudiées jusqu'à ce jour (1). Une remarqué a été faite, qui permet souvent de reconnaitre presque au premier coup d'œil à

(1) C'est M. Laurent de Jussieu, mort en 1836, qui, en 1789, avait publié son ouvrage sur les plantes, où il exposait ce système de classification naturelle adopté généralement aujourd'hui.

quelle grande classe appartient un végétal ; c'est que les tiges en stipe et en chaumes et les feuilles à nervures parallèles se rapportent presque invariablement à la classe des monocotylédones : ainsi les palmiers, les graminées, les liliacées ; — et, d'un autre côté, que les troncs et les feuilles à nervures en réseau ne se rencontrent à peu près que dans la classe des dicotylédones : ainsi tous les arbres de nos contrées et presque tous ceux des pays chauds, les palmiers exceptés.

Nous avons parcouru le cercle végétal. Partis de la racine, nous sommes parvenus jusqu'à la semence qui produit la racine ; il ne nous reste plus qu'à faire, par l'imagination, un petit voyage du pôle à l'équateur pour voir la physionomie de la végétation sous les trois zones *glaciale, tempérée* et *torride.*

Voici une plaine bordée à l'horizon de montagnes que couvrent des neiges éternelles ; une rivière la traverse, mais elle est glacée, et un traîneau de Lapon passe dessus, emporté par un renne. Plus on avance dans ce pays désolé, plus la végétation va décroissant. On voit encore quelques pins et sapins dont le feuillage persistant et sombre est au moins encore un signe de vie dans cette contrée désolée ; puis ils disparaissent eux-mêmes. Le saule et le bouleau blanc s'avancent plus loin vers le pôle, plus loin encore, je ne vois plus que le bouleau nain et des fougères ; enfin, dernier arbuste sur la limite du Nord, le rhododendron montre encore ses feuilles vertes ; quelques petites plantes cependant, miracles de végétation, la renoncule à tête d'or, le saxifrage glacial, s'avancent jusqu'aux limites de la vie végétale en compagnie des mousses et des lichens que la neige couvre comme d'un manteau. — Pourtant à peine brille le soleil de juin sur ces contrées engourdies, tout s'y réveille en quelques jours : les bouleaux se couvrent aussitôt de feuilles légères comme des dentelles, les insectes bourdonnent et les abeilles butinent sur les fleurs dorées du saule, tandis que les marais que forme la neige fondante se garnissent de plantes aquatiques. C'est l'été de ce pays, il durera trois mois, et puis la neige reprendra son empire sur la Laponie, la Sibérie, le Kamtchatka, le Groënland et l'Islande.

Quittons le cercle polaire, et descendons vers la zone tempérée : elle embrasse presque toute l'Europe, une grande partie de l'Asie et de l'Amérique du Nord. Vers le pôle, des fôrets de bouleaux et de sapins font sa limite végétale ; puis, plus bas, les chênes, les peupliers, les aunes. Avec eux arrivent successivement les céréales, orge, avoine, froment, le seigle et les prairies, ces charmants tapis verts émaillés de fleurs qui font le caractère particulier de la zone tempérée. En Europe, de longues lignes de peupliers et de saules les traversent, et des allées de pommiers les bordent. En Amérique, à l'Occident du Canada, les prairies couvrent des centaines de lieues de pays sans qu'aucun arbre s'élève au-dessus de leur gazon, et d'énormes troupeaux de bisons les parcourent. Sous les tropiques, l'été est continuel ; aussi on ignore le réveil printanier de la nature si gai, si riant dans nos climats tempérés. Salut à la vigne, cette plante magique, l'honneur de nos pays. Voici les forêts de chênes, de hêtres, de charmes, de châtaigniers ; toujours avançant vers l'équateur, on rencontre le mûrier, l'olivier, puis l'oranger, le citronnier, les bois de lauriers et de myrtes des rives de la Méditerranée et des îles grecques, les dattiers, les figuiers de Barbarie, sur la côte africaine ; en Asie, l'arbrisseau parfumé des Chinois, le thé, les végétaux roides et vernissés du Japon, et ses magnolias couverts de fleurs blanches. — L'Amérique nous montre déjà des formes, des feuilles et des fleurs inconnues. Halte-là ! voici le tropique du Cancer.

Ici commence la zone torride qui s'étend jusqu'au tropique du Capricorne, de l'autre côté de l'équateur. Elle comprend presque toute l'Afrique au delà du grand désert de Sahara, l'Inde en Asie, les grandes îles de l'océan Indien et les îles innombrables de l'océan Pacifique ; enfin, en Amérique, une partie du Mexique, les Antilles, la Guyane, la Colombie, le Pérou et le Brésil. Plus d'hiver ici ; c'est le royaume des palmiers, ces géants couronnés d'immenses feuilles et dont la tête s'élève jusqu'à 60 mètres. Ils forment une ceinture à la terre sous l'équateur. Partout on voit leurs stipes hardis, au milieu des sables des rivages, dans les vallées, les bois et sur les hautes montagnes, le bananier orne de ses bosquets les rives des fleuves de l'Inde, de l'Amérique du Sud et de l'Afrique ; les mangliers et palétuviers, aux branches retombantes, forment des arcades enracinées jusque dans les flots de la mer dont ils bordent les grèves. — Dans l'intérieur des terres, d'immenses forêts ombragent de larges fleuves qui les inondent dans leurs crues ; là, les humbles fougères de nos climats s'élèvent à 10 mètres comme des arbres, et les flexibles roseaux de nos marais deviennent des bambous de 20 mètres de hauteur. Le nombre, la grandeur, l'éclat des feuilles, des fleurs et des herbes sans cesse renaissantes, attestent l'éternelle fécondité du sol ; — les quinquinas, les cacaoyers, les acajous et mille sortes d'arbres aux feuillages splendides se mêlent, se croisent et sont dominés par les bouquets à feuilles en éventail ou délicatement pinnées de cent sortes de palmiers. Les orchidées, les vanilles, les poivriers, grimpent sur ces troncs et ces branches, laissant flotter leurs fleurs merveilleuses de formes et de couleurs, et les lianes enlacent des forêts entières, formant d'élégantes guirlandes où les colibris et les perroquets font leurs nids, où les singes se balancent. Dans les plaines élevées et sèches se plaisent les aloès, et les cierges du Pérou balancent lourdement leurs longues tiges charnues couvertes d'épines ; ailleurs la canne à sucre, le cotonnier, le caféier et le maïs étalent leurs plantations. Le riz, qui nourrit un tiers des habitants de la terre, se balance dans les terrains inondés de l'Inde et de la Chine.

Les montagnes très-élevées, mon ami, ont une physionomie végétale qui change selon les hauteurs, car, tu le sais, plus on s'élève, plus la température devient froide ; de sorte que, sous toutes les zones, même sous la zone torride, il est un point où l'on rencontre les neiges éternelles. Ce point est à 4,500 mètres au-dessus du niveau de la mer, sur les montagnes des Andes, en Amérique, sous l'équateur même. Dans la zone tempérée, les neiges éternelles descendent à 3,000 mètres environ sur le Caucase, les Pyrénées et les Alpes ; enfin, en Laponie, on les trouve à 6,000 mètres seulement. Eh bien ! les montagnes de la zone torride présentent toutes les températures, de leur base à leur sommet, échelonnent sur leurs versants les végétaux de toutes les zones. — A 1,000 mètres, on trouve des chênes et les fleurs en roses de nos climats ; et puis les plantes se raréfiant en s'élevant, se montrent enfin analogues à celles de la Laponie. Le même effet se produit sur nos montagnes, où chaque 100 mètres d'élévation équivaut à un degré de plus vers le nord ; et les derniers arbres des sommets sont les mêmes que les derniers de la zone glaciale : le pin, le sapin, le bouleau, le rhododendron.

Un mot encore, mon enfant. Sous chaque zone se trouvent çà et là de vastes espaces d'où la végétation semble à peu près bannie : ainsi le grand désert de Sahara, en Afrique, qui environne les oasis comme d'une mer de sable ; les immenses steppes du centre de l'Asie, qui, dans une longueur de plus de mille lieues, ne présentent que des plantes salines toujours vertes ; nos bruyères d'Europe beaucoup moins étendues, et les steppes de Caracas, et de Venezuela qui, dans l'Amérique du Sud, couvrent plusieurs centaines de lieues, et, complétement sèches en été, ne produisent dans la saison des pluies qu'une sorte de plantes à feuilles pinnées.

Ces vides dans la végétation ont sans doute leur raison d'être, puisqu'ils sont également l'œuvre de celui qui d'un mot a créé les plantes ; mais, à nos yeux, ces plaines arides, par leur contraste, donnent plus de relief encore et plus d'éclat à la végétation qui les environne.

Que de choses à dire encore sur les merveilles de la végétation, mon enfant ! mais l'espace me manque. Voici l'été : en te promenant dans les campagnes, examine feuilles, fleurs et fruits, et la puissance de Dieu te paraîtra aussi admirable dans les pâquerettes simples des prairies que dans tous les astres du ciel.

LA CROIX DU BOUQUET

—

L'HORTICULTURE

L'aube du 22 février apparaissait, le ciel était pur, l'air imprégné d'influences printanières. — Marcel Balu, aussitôt levé, s'en vint sur la pointe des pieds dans la chambre où dormaient ses trois enfants. Il les réveilla tout doucement en leur disant : — Debout, mes petits jeannots, debout, voici le jour, le jour de sainte Isabelle ! — Habillez-vous vite et couvrez-vous bien, car il fait frais ; — mais pas de bruit surtout ; — votre maman dort, et il faut qu'elle ne se réveille que sous vos caresses.

En un clin d'œil les enfants furent prêts, et à pas de loup ils sortirent toús leur père en têto, et se rendirent dans le jardin, — un beau et grand jardin parfaitement tenu ; car Marcel Balu était jardinier, et bon jardinier.

Ce qu'ils allaient faire..., on le devine. C'était le jour de sainte Isabelle; la maman des trois enfants s'appelait Isabelle; on allait lui souhaiter bonne fête.

On se rendit vers un coin du jardin où était une serre dans laquelle tous entrèrent. Là, le père mit dans les bras de Jean, l'aîné, un bel oranger couvert de fleurs; — Jeanne, la seconde, eut un rosier admirablement garni de roses; — Jeannette, la plus jeune, arrondit ses petits bras autant qu'elle put pour bien tenir un superbe héliotrope qui embaumait.

— Vous voyez, petits jeannots, quelle belle chose est la CULTURE qui fait obtenir d'aussi charmantes plantes, non-seulement dans la saison favorable, mais encore en hiver. Il faut bien des soins; mais on est amplement récompensé. Voici mon bouquet à moi. — partons.

Alors Marcel Balu ayant pris une fort belle plante entre ses bras, on revint à la maison, on monta doucement l'escalier, et on entra dans la chambre de la maman que le jour naissant commençait déjà à éclairer. Bientôt il fallut voir le lit escaladé et la maman assaillie de caresses de tous côtés. Il fallut entendre ce chœur de compliments enfantins. Elle se réveilla et se trouva si attendrie, que de douces et pures larmes lui vinrent aux yeux. Et puis ce fut la présentation des fleurs. Dieu sait comme la maman se récria sur leur beauté et leur parfum! — et caresses de droite, caresses de gauche coupaient à chaque instant le dialogue.

— Mais quelle est donc cette belle fleur que tu me donnes là, mon bon Marcel? — dit la maman à son mari.

— C'est un pelargonium, ma bonne amie, une fleur du cap de Bonne-Espérance, qui n'est pas de pleine terre chez nous; mais ce n'est pas tout : en faisant fleurir ces plantes, j'ai utilisé la chaleur de la serre pour t'avoir des petits pois et de jolis haricots verts que nous mangerons à dîner.

J'ai, en même temps, pensé à ces enfants, et je leur ai forcé quelques fruits.

— Quels fruits, quels fruits, papa?

— Vous verrez, ce soir, mes petits jeannots; — mais en attendant vous reconnaissez que l'ART DU JAR-DINIER comprend deux cultures : LA CULTURE NATU-RELLE, c'est-à-dire celle qui fait produire les plantes en pleine terre et dans leur saison, — et LA CULTURE ARTIFICIELLE FORCÉE. — Cette dernière donne aux contrées les plus rudes les produits des climats les plus doux, et permet de recueillir chez nous des ananas, des bananes, des mangues, des goyaves, fruits exquis des pays brûlants. La culture artificielle hâte encore la végétation des plantes qui ne pourraient, dans le courant de notre été trop court, montrer leurs fleurs et mûrir leurs fruits. Enfin, elle nous fournit, sous le nom de PRIMEURS, les produits de notre propre climat plusieurs mois avant leur maturité ordinaire, et prolonge leur fécondité bien au delà de cette époque.

— Mais comment cela peut-il se faire, papa ? — dit Jean ; on n'a pas le soleil du bon Dieu dans la serre.

— Non, — mais on fait de la CHALEUR autant qu'en exigent les plantes, tant pour la terre où elles plongent leurs racines que pour l'atmosphère dans laquelle s'élèvent leurs tiges.

— Et comment fait-on cette chaleur ?

— La chaleur de la terre se fait au moyen des couches ; celle de l'air au moyen de tuyaux de poêle ou bien de conduits où circule de l'eau bouillante. Cette chaleur de l'air se mesure à l'aide du thermomètre. S'il faut 30 degrés aux ananas à Cayenne, on leur donne 30 degrés dans LA SERRE, et ils mûrissent (1).

— Mais les couches, qu'est-ce que c'est? — fit Jeanne.

— C'est du fumier entassé qui, en se décomposant, fermente et dégage une grande chaleur. Celui de cheval est le plus chaud ; puis, de moins en moins chauds, viennent ceux de bœufs, de brebis, de cochons. On recouvre ces tas de fumiers de terreau dans lequel on sème des graines, et celles-ci, sous l'influence de la chaleur, se dépêchent de pousser, et avec des arrosements convenables elles font merveilles (2). Les couches selon leur degré de chaleur, se nomment CHAUDES TIÈDES OU SOURDES. — Les serres aussi, selon qu'elles

____

(1) C'est en 1733 que Louis XV se régala des deux premiers ananas qui fussent parvenus à maturité sous notre climat.

(2) On obtient même, par des procédés particuliers, des salades en quarante-huit heures, et des radis en six jours.

sont destinées à des végétaux qui demandent plus ou moins de chaleur et d'humidité se nomment : ORANGERIE, SERRE TEMPÉRÉE, SERRE CHAUDE, SERRE CHAUDE SÈCHE, SERRE CHAUDE HUMIDE. Les BACHES et les COFFRES AVEC CHASSIS ne sont que des diminutifs des serres. Vous comprenez, mes enfants, que de merveilles le jardinier peut obtenir avec ces moyens.

— Mais pourquoi les serres ont-elles tant de vitres alors ? Elles seraient bien plus facilement chauffées si elles étaient comme des maisons.

— C'est vrai, mon ami, mais la LUMIÈRE est aussi indispensable que la CHALEUR et L'EAU aux plantes qui poussent. Vous avez pu voir que toutes celles qui viennent dans les caves sont chétives et jaunes ; — c'est même ainsi qu'avec la chicorée amère nous faisons la salade dite barbe de capucin. — C'est la lumière qui donne les couleurs vertes des feuillages et celles si brillantes des fleurs.

Ici la conversation fut interrompue. Marcel Balu avait un frère, Jacques, jardinier aussi, et dont le jardin était dans le voisinage. Les deux enfants de Jacques Balu, Pierre et Pierrette, arrivèrent en ce moment avec leur mère, apportant à leur tante Isabelle, fleurs, caresses et bons compliments.

— Mon mari ne viendra qu'à la nuit, dit la maman de Pierre et de Pierrette ; une affaire l'a appelé à la ville. — Je ne sais ce qu'il a depuis quelque temps... Il est triste, préoccupé... J'avoue que je suis inquiète.

— Mon frère a tort dit Marcel ; il a tout ce qu'il

faut pour être heureux : une bonne femme, de beaux enfants, un bon jardin... qu'il néglige un peu, par exemple. — Je lui parlerai du reste ; mais aujourd'hui je ne veux pas de tristesse.

La journée fut bruyante chez Marcel Balu ; et comment cela pouvait-il être autrement avec les cinq joyeux enfants que Marcel appelait plaisamment, les siens, ses jeannots, ceux de son frère, ses pierrots, à cause de leur noms semblables.

— Arrivez ici, leur avait-il dit en les menant au jardin ; vous pouvez courir, sauter, gambader dans les allées tant qu'il vous plaira ; mais attention aux carrés et aux plates-bandes. Tout ceci est semé : fèves, salsifis, carottes, laitues, pois, et puis de ce côté des FLEURS ANNUELLES et BISANNUELLES. Voyez-vous quand le *printemps* s'avance, il faut *semer* à force, pour que ses premiers souffles trouvent les graines prêtes à lever.

— Mon oncle, pouvons-nous prendre ces petites branches d'arbres ? demanda Pierre.

— Oui, celles qui sont à terre, prenez-les.

— Nous en couperons, nous aussi, dit Jeannetto.

— Oh ! pour ça, non ! fit le papa. — Vous ne savez pas, mes enfants, tous les bons fruits que vous empêcheriez de venir en coupant à tort et à travers les branches des arbres fruitiers. C'est une chose bien délicate que LA TAILLE DES ARBRES. — Non, non, ne coupez rien. Sauriez-vous reconnaître parmi ces bourgeons d'abricotier et de pêcher ceux qui ne produirent que des branches, et ceux qui donneront des fruits et qu'on appelle, les premiers, *œils à bois*, et les seconds, *œils à fruits ?* — Savez-vous que la *sève* du pêcher monte toujours, tandis que celle de l'abricotier se développe en bas, et que dès lors il faut dégarnir ce dernier du haut et le pêcher du bas ? — Voyez quelle méprise si on ne connaissait pas ces arbres. — Sauriez-vous tailler des arbres pour en faire des *plein-vent* de verger, ou bien faire venir les poiriers en *que-nouilles*, les pommiers en *vases* et en *éventails*, les pêchers en *espaliers*, et cela sans les empêcher d'avoir du fruit ? — Sauriez-vous empêcher la vigne d'avoir trop de bois et la forcer à avoir beaucoup de raisin ? — Savez-vous que les pruniers se taillent à peine, que l'amandier en plein vent, le cognassier, le néflier, le noisetier ne se taillent pas, parce qu'ils fleurissent du bout des branches ? Oh ! non, ne touchez à rien, et pour vous ôter la tentation, je vais rentrer mes ins-truments de taille, mes SCIES, mon SÉCATEUR, ma SERPE et ma SERPETTE.

— Eh bien ! nous n'y toucherons pas, — dit Jean-nette.

Les enfants jouant, les parents causant, la ména-gère préparant le dîner, la journée passa, et vraiment bien vite, et quand vint la nuit. — Déjà ! fit chacun.

— Papa va venir, — dit Pierrette.

Presque au même instant : Pan ! pan ! pan ! — On frappa à la porte. — C'est papa ! — C'est mon oncle ! crièrent les enfants. — On ouvrit. — C'était un garçon qu'on ne connaissait pas qui se présenta. Il portait bien soigneusement, enveloppé dans du papier, un beau bouquet qu'il remit sur la porte entre les mains de la maman de Pierre et de Pierrette.

— C'est bien ici que demeure M. Balu Marcel ? dit-il.

— Oui.

— Eh bien ! voilà pour madame Balu.

Et là-dessus, sans attendre de réponse, ce garçon-là s'en alla.

On alluma des flambeaux, on dégarnit le bouquet de son papier, et toute la famille qui formait le cercle poussa un cri d'admiration tant le bouquet était beau.

— Oh ! les ravissantes fleurs ! s'écria la maman Isabelle ; ce bouquet-là doit être très-cher dans cette saison-ci... Qui donc a pu me l'envoyer ?

— Ma foi, je ne vois pas... fit Marcel. A moins que ce ne soit mon frère qui, avant d'arriver, se soit fait précéder par ces fleurs.

— Je ne pense pas, dit la femme de Jacques Balu... Mais tenez... il y a quelque chose qui brille, attaché à la queue du bouquet.

En effet, comme pour lier les tiges des fleurs il y avait un cordon noir auquel pendait une petite croix d'or que Marcel détacha, et que chacun examina avec curiosité en disant : — C'est singulier ! c'est drôle ! Qui donc a envoyé cela ?

En ce moment on frappa encore à la porte.

— Ce doit être Jacques, dit Marcel ; nous allons savoir si c'est lui qui t'envoie cela, Isabelle.

Mais ce ne fut pas Jacques encore qui entra. — Ce fut un homme d'une quarantaine d'années, de bonne mine, proprement vêtu, mais couvert de poussière, et un bâton à la main.

— Mille pardons, monsieur et mesdames, dit-il, je suis un voyageur, comme vous voyez, et en passant sur la route, apercevant de la lumière chez vous, j'ai pris la liberté de frapper pour vous demander un rénseignement sur mon chemin, et un verre d'eau. — Il fait nuit close, et je ne sais ou m'adresser.

— Entrez, entrez, fit Marcel ; vous êtes le bien venu ; il ne sera pas dit que le jour de la fête de mon Isabelle on aura refusé l'hospitalité à un voyageur.

Au même instant Jacques arriva, et la famille se trouva au grand complet. — Jacques embrassa sa belle-sœur.

— Ah çà ! dis-nous donc un peu, Jacques, si tu connais ce bouquet ? lui dit Marcel.

— Ma foi non ; mais il est fort beau.

— Et cette petite croix d'or, la connais-tu ?

— Non plus, — dit-il, après l'avoir examinée.

On lui expliqua comment le tout était venu.

— Je ne puis soupçonner d'où cela vient, dit Isabelle ; mais n'importe, nous ferons au moins les honneurs de la table à ce bouquet d'une main inconnue, et nous le mettrons au milieu dans un vase.

Ce qui fut fait, et on suspendit la petite croix d'or au bouquet.

— A table donc, dit la ménagère.

— A table ! répétèrent tous les enfants.

— Ah çà ! dit Marcel à l'oreille de Jacques, il paraît que tu as quelque chose qui te tracasse ; j'entends que tu me contes cela dès demain.

Jacques ne répondit rien, et serra la main de son frère.

— Ma foi ! s'écria alors Marcel, je ne vois pas pourquoi monsieur, que le hasard a amené ce soir parmi nous, ne prendrait pas place à notre table... — Marcel parlait de l'étranger. — Oh ! sans façon, monsieur, c'est la fête de ma femme... Faites comme si vous étiez de la famille. Isabelle, un couvert pour monsieur.

— C'était déjà fait, mon ami. Veuillez vous asseoir, monsieur.

Elle l'avait placé à côté d'elle. L'étranger parut si vivement ému de ce bon accueil, qu'il put à peine prononcer quelques mots en serrant la main de Marcel.

Et, un instant après, caquetage des enfants, causerie des grandes personnes, rires de tous, allaient leur train, et on en perdait pas un coup de dents pour cela.

Quand parurent les petits pois, les haricots verts tout frais sur la table et des laitues toutes nouvelles, l'étranger ne put s'empêcher de se récrier sur la *précocité* de ces légumes.

— Oh ! mon cher hôte, dit-il, on se croirait au beau milieu du printemps, chez vous.

— On n'est pas jardinier de père en fils pour rien, reprit Marcel. — Mon père avait deux *jardins*, monsieur et trois fils quand il mourut. Mon frère Jacques que voilà et moi avons chacun un de ces jardins. — Quant à notre frère aîné, Antoine il a préféré la vie errante ; il a pris sa part d'héritage en argent, et il est parti il y a douze ans. Voilà bien six ans que nous n'avons eu des nouvelles du pauvre garçon, qui nous manque bien aujourd'hui ici pour rendre la fête complète ; mais Jacques et moi nous ne portons pas notre ambition au delà de nos jardins.

— Sans doute, dit Jacques ; mais ma, foi, Marcel, s'il faut l'avouer, j'aurais tout autant aimé un autre genre d'occupation.

— En vérité, Jacques ! eh bien, voilà la première fois que je te vois des idées pareilles ; — tu me surprends et tu m'affliges. — Moi, je ne connais rien d'admirable comme les plantes dont les infinies variétés couvrent la terre et qui sont si utiles à l'homme ; rien de noble comme l'art qui consiste à les étudier et les cultiver ; et dans ces plantes combien nous concernent tout particulièrement, nous autres jardiniers ! Faut-il t'énumérer le JARDIN FRUITIER, celui du PÉPINIÉRISTE, le JARDIN POTAGER, le JARDIN MÉDICAL, le JARDIN D'AGRÉMENT OU PARTERRE, le JARDIN PAYSAGER ; enfin ces véritables JARDINS EXOTIQUES que nous offrent toutes LES SERRES. Voilà les intéressants sujets de nos etudes. — ils nécessitent mille connaissances dont la possession peut, à juste titre, enorgueillir un homme : —

connaissance des diverses natures de terrains et des plantes propres à *chacune d'elles* ; connaissance de toutes les influences du climat sur les végétaux, de toutes les diverses manières dont les plantes se développent. Ajoute à cela le goût pour disposer et embellir ; le jugement pour faire produire à chaque saison le plus grand nombre possible de choses utiles et agréables. Quoi ! tu n'aimes pas un art qui a métamorphosé la prunelle sauvage en belles prunes vertes, jaunes et violettes ? — qui a changé en reinettes parfumées les insipides pommes sauvages, et qui du fruit âpre et pierreux d'un poirier inculte a tiré la fondante beurré, la délicieuse saint-germain ? et qui d'une maigre racine a tiré la succulente betterave, nourriture saine et agréable, et source de la moitié du sucre que nous consommons ?

— En définitive, Marcel, interrompit Jacques, ce n'est pas quelque chose de bien merveilleux que de planter toute sa vie des choux et des navets.

— Ah ! ne méprise pas le chou, Jacques ; le chou est, avec la pomme de terre, le légume du pauvre dans toute l'étendue de l'Europe, — presque le seul qui reste aux pauvres paysans des campagnes glacées de la Sibérie et de la Norwége. Le chou, le plus ancien des légumes d'Europe (1) !

(1) Presque tous nos légumes les plus fins datent à peine de quelques siècles chez nous C'est Rabelais qui, vers 1540, envoya de Rome ou cardinal d'Estrées les premières graines de laitues d'où provienunent toutes celles de nos jours.

— Et si des FRUITS et LÉGUMES nous passons aux FLEURS, Jacques, appelleras-tu encore notre art un art vulgaire et peu digne d'intérêt ? — Les fleurs, parures de la terre, source des parfums et du miel, berceau des fruits ; les fleurs, que nous assimilons à nos sentiments, à nos affections, auxquelles nous avons prêté un langage et de douces significations ; les fleurs, que nous donnons comme symbole de notre amour aux jours de fête des personnes que nous aimons, — ici Marcel adressa un regard et un sourire à Isabelle, — les fleurs, que nous cultivons sur les tombes de nos morts chéris, images de leur souvenir ; les fleurs, dont nous ornons les autels et les temples ; les fleurs, dont la vue réjouit le cœur, qu'elles soient splendides et riches comme sous les tropiques, simples et modestes comme le myosotis, la petite renoncule à tête d'or et le géranium sauvage, qu'on retrouve seuls aux limites glacées de l'Europe, au pied des cimes escarpées du cap Nord. — Ajoute à cela, Jacques, que notre art multiplie à l'infini ces ravissantes fleurs, modifiant leurs formes, variant leurs couleurs et réunissant chez nous celles de tous les points du globe. — Ce sont là de nobles travaux, mon frère.

Tout en parlant des fleurs, Marcel avait souvent regardé le bouquet qui ornait le milieu de la table, et ses yeux avaient en même temps rencontré la petite croix d'or. — Tout d'un coup il dit : — Eh bien ! cette croix ne m'est pas inconnue, je l'ai vue déjà, — j'en suis sûr. Du reste, en l'examinant, on voit qu'elle n'est pas neuve.

— C'est vrai ! dit l'étranger en se penchant bien bas comme pour l'examiner.

— Vois-tu un inconvénient à ce que je la porte, mon ami ? fit Isabelle.

— Du tout; une brave et honnête femme peut toujours porter une croix. — Alors Isabelle se la passa au cou.

En ce moment éclatèrent de joyeuses exclamations des enfants. On plaçait aux quatre coins de la table quatre petits cerisiers nains en pots, tout couverts de leurs jolis fruits rouges, et au milieu un beau plat rempli de fraises.

Ce fut le moment de porter la santé d'Isabelle. L'étranger fut le premier à la proposer, et tout le monde y répondit de bien grand cœur.

— Après tout, Marcel, dit Jacques au bout d'un moment, tu peux avoir raison... mais nos goûts diffèrent, et j'eusse préféré suivre une autre carrière.

— Eh ! mon frère ! quelle carrière eut été préférable à la nôtre ? celle du soldat ? Ah ! crois-moi, il vaut mieux faire la guerre à coups de BÊCHE à une terre aride pour la rendre féconde, que de faire la guerre à ses semblables ; parlez-moi de la HOUE, voilà un fer qui ne fait de mal à personne et qui, au contraire est très-utile pour planter des pommes de terre , rechausser des plantes, faire des tranchées pour plantations ; parlez-moi de la RATISSOIRE et du SARCLOIR pour faire la guerre aux mauvaises herbes, de la BINETTE qui empêche la terre de se durcir et rend ainsi les racines des plantes accessibles aux influences de l'air et de la rosée. Voilà les armes que j'aime, et l'ÉCHENILLOIR meurtrier aux chenilles qui dévorent les arbres, le CISEAU, cric, crac, qui taille et rogne les haies, le CROISSANT emmanché d'un long bâton qui sert à arrondir les voûtes de feuillage.

Jacques ne répondit rien, et peu à peu devint rêveur et triste.

— C'est singulier, dit encore Marcel au milieu de la conversation générale, je suis de plus en plus convaincu que j'ai vu déjà, il y a longtemps, cette croix au cou de quelqu'un...

Au milieu des jeux et des causeries, la soirée s'écoula. Jacques et sa famille partirent, et Marcel offrit un lit à l'étranger.

Le lendemain, de bonne heure, Jacques vint chez son frère, le prit à part dans son jardin, et lui dit :
— Marcel, je t'ai promis une confidence; en deux mots la voici : il faut que je vende mon jardin pour payer des dettes que j'ai eu la folie de faire... Ne me demande pas comment... c'est inutile! Je suis poursuivi, il faut que je paye. Aide-moi à vendre mon jardin; trouve-moi un acquéreur, c'est le seul moyen de me sauver; j'ai eu le tort de mépriser ma profession... je m'en suis écarté ; je l'ai négligée et je me suis ruiné. Je partirai, j'irai tenter fortune ailleurs.

Avant que Marcel eût eu le temps de répondre, l'étranger s'approcha et dit aux deux frères. — Ma foi, j'a réfléchi que je serais heureux d'habiter ce pays-ci auprès de vous. Ne connaîtriez-vous pas quelque jardin à vendre? je l'achèterais volontiers.

De cela il s'ensuivit tout naturellement que quelques jours après l'étranger avait acheté le jardin de Jacques. Celui-ci avait payé ses dettes et se disposait à partir.

— Pourquoi t'en aller? lui dit Marcel, tu peux travailler de ton état dans le pays.

— Non, répondit Jacques, je ne puis rester humilié ainsi devant ceux qui m'ont vu heureux. Marcel, prends soin de ma femme et de mes enfants; je te laisse pour eux tout ce qui me reste du prix de mon jardin. Adieu.

Et il partit malgré toutes les objections, toutes les prières.

C'était le lendemain du départ de son mari que la mère de Pierre et de Pierrette devait quitter ce jardin, patrimoine de Jacques, vendu à l'étranger. Au moment où elle se disposait à faire les apprêts du départ, aidée par Isabelle et Marcel, chez qui elle allait demeurer, l'étranger entra tout ému : — Attendez, dit-il; décidément, Marcel, vous ne reconnaissez pas cette croix d'or? — Et il montrait la petite croix qu'Isabelle avait mise à son cou.

— Chaque jour je poursuis les souvenirs qu'elle éveille en moi, mais c'est en vain, répondit Marcel.

— Cherchez bien, Marcel; supposez cette croix suspendue avec un ruban noir au cou d'une bonne vieille femme.

— Eh bien ? fit Marcel stupe.ai., regardant fixement la croix...

— Reportez votre souvenir à quatorze ans en arrière... Souvenez-vous du 14 janvier.

— Le 14 janvier, jour de la mort de ma mère... Ah ! c'est la croix de ma mère... Oui, je la reconnais.

Et alors Marcel, reportant les yeux sur l'étranger, poussa un cri et tendit les mains. — Nous verrons plus tard pourquoi.

Jacques s'était donc éloigné le cœur bien triste, et décidé, s'il était possible, à regagner à la sueur de son front le bien-être qu'il avait perdu par sa faute.

Il allait travaillant çà et là ; l'ouvrage ne manquait pas au printemps : le *palissage* des arbres en *espalier*, après leur taille ; le *débuttage* des artichauts, de nouveaux semis de fleurs annuelles *de pleine terre*, le *repiquage* des plantes semées en TERRINES l'année précédente, et qui trouvaient déjà en fleur dans les plates-bandes les primevères, les crocus, les violettes. — Puis venait l'*ébourgonnement* des *arbres à fruit*, la guerre aux chenilles sur les arbres, tandis que les pêchers et les abricotiers ouvraient leurs fleurs, que devaient suivre celles des poiriers, des cerisiers et des pommiers. — Les dahlias étaient en place ; mai amenait la floraison des *plantes de collection* à *bulbes* et à *griffes*, jacinthes, tulipes, anémones, renoncules : et aux approches de juin, à mesure que le potager perdait ses produits mûrs, on en semait de nouveaux. — Ici Jacques *buttait* le céleri, *liait* les cardons ; là il *pinçait* les pousses des arbres d'espaliers pour diriger la sève sur les fruits, ébourgeonnait la vigne, e. l'*été* arriva ainsi au moment où les cerisiers perdaient peu à peu leurs perles rouges.

Ah ! le pauvre Jacques, il travaillait rudement ; il pensait à sa femme, à Pierre et à Pierrette, tout en *greffant* arbres fruitiers, rosiers et jasmins, en sortant des *orangeries* les lauriers-roses, orangers, grenadiers, bruyères, et de la *serre tempérée*, les pelargoniums, les verveines, et les cactus ou *plantes grasses*.

Pendant ce temps, Marcel exécutait chez lui ses travaux de PRINTEMPS. Tout en les expliquant aux enfants, il leur disait toutes les manières de *multiplier* les plantes : — SEMIS, — BOUTURES, — MARCOTTES, — SÉPARATION DES REJETONS, — ÉCLAT DES RACINES. — CAÏEUX des bulbes ou oignons, — GREFFES.

Semis : excellent mode de reproduction, mais lent, le seul du reste pour obtenir des *variétés* diverses d'une *espèce* ; tous les autres ne faisant que reproduire la plante-mère.

La *bouture*, c'est une branche ou un morceau quelconque des parties vives d'un végétal auxquels on fait produire des racines après les avoir détachés de la plante qui les a portés.

La *marcotte*, c'est une branche qui s'enracine sans être séparée de la *souche-mère* jusqu'à ce qu'elle soit en état de vivre par elle-même.

A ce sujet, Marcel montrait les POTS imaginés pour

MARCOTTER. Ces pots suspendus recevaient les tiges à marcotter au moyen d'une fente existant dans toute leur longueur. — Après quoi, remplis de terreau, ils demeuraient ainsi jusqu'à l'*enracinement* des branches.

La *séparation des rejetons*, mode usité pour la multiplication des *plantes traçantes*, telles que les fraisiers, les boutons d'or, le lierre. — L'*éclat des racines*, qui consiste à diviser en plusieurs parties les racines volumineuses ; ainsi fait-on pour le phlox, les pâquerettes. — Les *caïeux* sont les écailles qui se détachent des oignons des *plantes bulbeuses* et qui forment un oignon à leur tour. — La *greffe* enfin, qui est l'art de faire vivre un végétal aux dépens d'un autre, en mettant en communication leurs *artères séveuses.*

— Pour cela, disait Marcel, joignant le geste à la parole, on détache légèrement du *sujet* qu'on veut reproduire un ŒIL ou *bourgeon*, enlevant avec lui une certaine partie de l'*écorce* qui l'entoure, et on va faire glisser ce morceau d'écorce, qu'on appelle ÉCUSSON, sous l'écorce fendue en forme de T de l'arbre à greffer bien entendu, après avoir soulevé doucement l'écorce tout le long de la fente pour faciliter le placement de l'écusson. — Vous voyez, mes petits, c'est ce morceau d'os arrondi, placé au bout de mon greffoir, qui me sert à soulever l'écorce, — Là, mon écusson est posé ; l'œil sort par la fente ; il ne me reste plus qu'à LIGATURER avec de la *laine* et à mettre un peu de *cire*

maintenue tiède sur mon FOURNEAU... C'est fait! — Il
y a d'autres greffes : celles en *fente, par approche,* en
couronne, la greffe *tillet ;* mais elles sont moins usi-
tées. — La greffe de juin est celle à *œil poussant ;* —
plus tard, en août, on greffe à *œil dormant,* parce que
la sève ne travaille plus. — En voilà assez pour aujourd'hui, mes petits, demain nous reviendrons *taillei*
les melons, c'est le moment !

Juillet vint. — Allons, jeannots et pierrots, c'est
maintenant qu'il faut arroser à force. — L'*eau,* c'est,
avec le *fumier,* la vie du jardinage, des plantes maraî-
chères (1) surtout; — que chacun prenne un arrosoir.

L'arrosage pendant ce temps-là était aussi la prin-
cipale occupation de Jacques. Il voyait des jardins de
toutes sortes, et regrettait sans cesse le sien. L'ÉTÉ
jetait à pleines mains dans les parterres les roses de
mille espèces : noisettes, bengales, thés, cent-feuilles,
mousseuses, odorantes; c'était le beau moment des
œillets, la bonne saison pour les marcottes, et les gé-
raniums, et mille fleurs de *pleine terre, annuelles,
bisannuelles et* VIVACES, jaunes, rouges, bleues, lilas,
blanches, étalaient leur couleurs brillantes et exha-
laient leurs parfums. Les   tagers regorgeaient de lé-

(1) Ce nom, donné aux plantes potagères à Paris, vient de ce
que leur culture autour de cette ville se fait sur des terrains ui
adis ont été des marais. Les jardiniers maraîchers de Paris sont
presque égalés dans leur art par leurs confrères d'Amiens, nommés,
hortillons, et ceux de la Touraine, nommés varranniers. On sait que
la Touraine est surnommée le jardin de la France ; cependant
pour la culture des fruits, nul pays ne surpasse Montreuil.

gumes, et, à mesure qu'on les arrachait, de nouvelles semences les remplaçaient pour donner encore des produits avant les grands froids.

C'était dans les premiers jours d'août. L'étranger, dans le jardin de Jacques, était occupé à biner la terre durcie par le soleil, et les enfants recueillaient les graines mûres des fleurs, quand la maman de Pierre et de Pierrette sortit de la maison et accourut vers l'étranger en riant : Une lettre de Jacques !

L'étranger prit la lettre, la parcourut : — Bon ! bon ! fit-il, il se porte bien, c'est l'essentiel ! Il travaille beaucoup, il n'y a pas de mal. Ah ! ah ! il s'ennuie loin de vous... Allons, nous le reverrons avant longtemps, ce papa, mes petits ; — et, donnant une petite tape sur les joues des enfants, l'étranger rendit la lettre à leur mère.

Mais comment se faisait-il donc que Pierre, Pierrette et leur mère habitaient toujours là et étaient en si bonne intelligence avec cet étranger. — Nous verrons bien.

L'été prit fin. —On se dépêcha de rentrer les plantes de serre tempérée. — L'AUTOMNE donna ses pommes, ses poires et son raisin. Bien des fleurs s'en allaient du parterre : mais le dahlia y brillait en attendant les chrysanthèmes, si bien nommés adieux de Flore, et qui souvent brillent encore sous la neige. — A leur tour les plantes d'orangerie, binées et arrosées, rentrèrent dans leur abri, et les PAILLASSONS étaient préparés pour garantir du froid des nuits les produits encore délicats du potager.—Une nouvelle lettre de Jacques arriva. —Il disait qu'il était engagé pour une partie de l'hiver dans un riche et immense JARDIN PAYSAGER (1), près de Lyon ; — mais il s'ennuyait toujours de plus en plus, loin de sa chère famille.

— Patience! fit l'étranger, le temps approche ! — Que voulait-il dire? nous verrons. — Allons auprès de Jacques.

C'était un admirable jardin que celui où il travaillait. Devant la maison, au milieu de plates-bandes gracieusement tracées, une pièce d'eau était garnie de plantes aquatiques : nénuphars, lobélias rouges, myosotis, nymphæas à fleurs blanches. Tout autour, statues et vases en marbre s'élevaient parmi des massifs d'arbustes, les uns DE TERRE DE BRUYÈRE, les autres DE PLEINE TERRE, soit *à feuilles caduques*, comme les lilas, les jasmins, soit *à feuilles persistantes*, comme le gracieux arbousier aux fruits de toutes couleurs, et l'aucuba d' Japon aux feuilles lisses et panachées de jaune. — En face, diverses serres montraient leurs vitrages ; l'une pour les camellias (2) ; une autre réservée aux plantes grasses, aux *cactus* (3) ; une autre, *chaude hu-*

(1) Le jardin paysager est la combinaison de l'ancien jardin français, régulier et du jardin anglais. Les plus célèbres architectes de jardins français sur le Nôtre et la Quintinie, qui a dessiné le parc de Versailles.

(2) C'est le jésuite Camelli qui a rapporté, en 1739, du Japon en Angleterre, le premier camellia.

(3) C'est un cactus nommé *opuntia*, dont les feuilles nourrissent a cochenille, insecte d'où nous tirons la belle teinture rouge ; un autre cactus produit des figues dites de Barbarie.

mide, destinée aux *orchidées,* plantes admirables et étranges des profondes vallées de l'Afrique centrale, et dont quelques-unes, suspendues aux murailles comme des serpents, donnent de belles et suaves fleurs au milieu d'un air brûlant et humide, sans que leur tige touche le sol (1).

Jacques émerveillé se prenait à aimer de plus en plus l'art du jardinier, qu'il avait jadis méprisé.

Autour des serres et du parterre un beau parc réunissait pittoresquement groupées toutes les *essences* d'arbres. On admirait le goût avec lequel le jardinier avait su y combiner les feuillages de diverses formes et de diverses nuances, pour offrir à l'œil un merveilleux ensemble; ici acacias et frênes, plus loin sorbiers et cytises; là hêtres, charmes, ormes et bouleaux; ailleurs chênes et marronniers: et, sans oublier au milieu de tous ces *arbres à feuilles caduques,* les cèdres, les sapins, les mélèzes, dont les *feuilles persistantes* et d'un vert sombre décoraient encore le parc au milieu des rigueurs de l'hiver. — Sous ces voûtes d'arbres serpentait un ruisseau bordé d'aunes, de trembles et de saules, et dont les rives étaient émaillées de narcisses, et le long de ravissants sentiers les clématites, chèvrefeuilles, aubépines, églantiers, *arbustes florifères,* étalaient en liberté leurs gracieux rameaux.

(1) On obtient à Paris même de la vanille parfaite dans la serre aux orchidées.

Au milieu de ces bois s'élevait un pavillon solitaire. Il contenait une bibliothèque d'ouvrages traitant tout des plantes et des fleurs, et sur les murs on voyait les portraits des grands naturalistes Linné, Jussieu, Buffon, Daubenton, Lacépède.

Jacques aimait la solitude de ce pavillon, où il venait souvent pour lire. Il vit dans l'histoire du jardinage quelle heureuse influence il exerçait sur les destinées des peuples, et que les plus fortunés avaient toujours été ceux chez lesquels il était florissant. Jacques comprenait alors qu'il avait eu tort de rêver le bonheur autre part qu'au milieu de son jardin, entre sa femme et ses enfants.

Cependant on était à la veille de L'HIVER. — Les arbustes de terre de bruyère EMPAILLÉS, et les potagers garnis de *châssis* défiaient les gelées. LES LABOURS D'AUTOMNE *étaient faits, les tranchées creusées* pour LES PLANTATIONS D'ARBRES et LES FUMIERS PRÉPARÉS pour LES COUCHES A FORCER ; — mais les serres, surtout les serres chaudes, commençaient à demander beaucoup de soins et réclamaient des PAILLASSONS sur leurs vitrages.

Quoi qu'il en soit, un jour, vers midi, Jacques, ayant un moment de loisir, alla au pavillon selon son habitude. En entrant, devinez qui il y trouva. — Son frère Marcel et son fils Pierre. — Il tomba dans leurs bras et pleura de joie.

— Allons, nous retournons chez nous, dit Marcel ; tout est arrangé avec ton maître, partons.

Ils partirent. En arrivant, ils allèrent tout droit vers l'ancien jardin de Jacques.

Où me mènes-tu ? dit Jacques ; hélas ! ce n'est plus moi.

— Peut-être, fit Marcel.

Jacques ne comprenait pas ; mais on arrivait ; il vit sa femme et sa fille, et dès lors ne songea plus à autre chose.

La première émotion passée, Marcel emmena tout le monde chez lui. Il était neuf heures du soir, et c'était la veille de Noël. — **La** table était mise.

— Soupons, dit Marcel.

Tout le monde s'assit ; une place restait vide.

— Attends-tu quelqu'un encore ? dit Jacques.

— Oui, répondit Marcel, j'attends notre frère Antoine.

— Notre frère Antoine ! s'écria Jacques en se dressant ; il est ici ?

— Le voilà, dit l'étranger entrant et tendant ses bras à Jacques, qui s'y jeta avec effusion.

— Le bouquet et la croix d'or venaient de lui, dit Marcel ; c'est la croix d'or de notre mère.

Jacques alla la prendre au cou d'Isabelle et la serra sur ses lèvres.

— Ah çà ! bien entendu que tu reprends ton jardin, dit Antoine à Jacques.

Alors on se mit à table ; mais on mangea à peine : on avait le cœur trop ému.

Tout d'un coup la cloche de l'église voisine se

à sonner, appelant les fidèles à l'église pour l'office de minuit, — heure de la naissance de Jésus.

— Allons remercier Dieu, dit Jacques.

On se mit en route, tous les enfants, jeannots et pierrots en tête; puis venaient Marcel et Isabelle. Jacques fermait la marche, tenant sa femme sous le bras gauche, et sous le bras droit de son frère Antoine.

CHALEUR ET LUMIÈRE

—

— Êtes-vous tous ici, enfants ? — Oui. — Eh bien !
fermons la porte. — Encore une bûche au feu. — La
voilà ! — Approchez un peu la lampe : fort bien !
Maintenant nous allons causer du chauffage et de l'é-
clairage.

— C'est-à-dire du feu, — interrompit un enfant.

— Non pas précisément, mon ami. Je ne veux vous
parler ici que des diverses modes de chauffage et d'é-
clairage dont l'homme fait usage pour son utilité per-
sonnelle.

— Mais c'est toujours du feu qu'il faut pour cela.

— Erreur, mon enfant ; on peut se chauffer et s'é-
clairer sans feu.

Ici tous les enfants ouvrirent de grands yeux éton-
nés.

— Vous verrez, vous verrez, mes enfants; mais commençons par le commencement.

— Je ne vous dirai rien du soleil qui partout nou chauffe et nous éclaire, mais il est l'œuvre de Dieu, el je ne veux m'occuper que des moyens imaginés par les hommes pour remplacer, quand elles nous manquent, la chaleur et la lumière du soleil. Chaleur et lumière sont les sources de la vie ; on peut reconnaître facilement que les points de la terre où les étés sont les plus courts et les nuits les plus longues se trouvent être précisément les moins riches en végétaux, les moins peuplés d'animaux, les moins habités par l'homme. — Aussi l'homme, en se fabricant ces deux choses essentielles, la chaleur et la lumière, quand le soleil ne les lui donne pas, a d'abord rendu habitable pou. lui une étendue immense de pays qui ne l'eût pas été à cause de la rigueur du climat ; — ensuite il a pu mettre à profit pour son utilité ou son agrément tout le temps où le soleil, éclairant l'autre côté de la terre, nous laisse dans les ténèbres, — et ce temps-là forme la moitié de la vie. Enfin remarquons que la lumière artificielle nous permet de pénétrer là où la clarté du soleil ne pénètre jamais elle-même. dans l'intérieur des mines, par exemple.

— C'est vrai ! c'est vrai !

— Cette grande puissance de la chaleur et de la lu ière a dans tous les temps frappé les esprits de hommes, au point que les nations anciennes ont presque toutes adoré le soleil, le considérant comme la divinité qui donnait la vie à l'univers. On a fait cete curieuse remarque que l'homme pourrait être parfaitement distingué de tout le reste de la création par cette simple définition : — un être qui fait du feu. — Et la remarque est très-juste. Le singe lui-même, non-seulement ne fait pas de feu, mais il ne sait pas même l'entretenir en y ajoutant du bois. — Ainsi faire du feu n'appartient qu'à l'intelligence. Nous allons voir que la Providence ne nous a pas épargné les moyens de tempérer les froids des hivers et d'éclairer les ténèbres de nos nuits. Supposons un paysage ; à gauche s'étend une forêt au devant de laquelle coule un large ruisseau. Voilà déjà du BOIS et de l'EAU, deux éléments de lumière et de chaleur.

— Ah ! firent les enfants en riant, le bois, oui ; mais l'eau, non.

— Vous croyez, mes enfants ? Eh bien ! je vous montrerai tout à l'heure comment l'eau sert à produire tout aussi bien que le bois de la chaleur et de la lumière.

— C'est bien drôle ! — dit une petite fille, en hochant la tête avec un petit air d'incrédulité.

— Vous verrez... Continuons. Imaginons que les terrains qui avoisinent cette forêt renferment du minerai de CUIVRE et de ZINC. Je ne fais pas cette supposition pour rien, mes enfants ; et, en effet, ces deux métaux contribuent à fournir un éclairage.

— Comment, du cuivre ! du zinc ! par exemple !.. — s'écria une petite voix.

— Eh! oui, vous verrez encore. — Ajoutons une haute montagne au fond du paysage et ressemblant beaucoup au cratère d'un volcan, nous ne devons pas être surpris qu'on y trouve du SOUFRE.

— Ceci, je le comprends, interrompit un garçon. On met du soufre aux allumettes.

— Et ailleurs encore, mo.. ami. — Enfin figurons-nous une mine de HOUILLE OU CHARBON DE TERRE. Vous avez tous vu du charbon de terre : c'est une sorte de pierre noire et brillante, et qui s'enflamme très-promptement au conta⋅t du feu. Ce charbon ne se trouve pas dans tous les terrains. Là où on le rencontre il forme des couches tantôt isolées, tantôt nombreuses et séparées les unes des autres par des couches de terre et s'étendent ainsi fort loin sous le sol, soit directement, soit en zigzag. On trouve ce charbon quelquefois presque à la surface de la terre, comme à Commentry dans le département de l'Allier : d'autres fois il faut aller le chercher à six cents mètres de profondeur, comme dans les mines d'Anzin, près de Valenciennes. On s'est beaucoup occupé de rechercher quelles causes avaient pu produire ce charbon, et l'on peut dire aujourd'hui, avec une certitude à peu près complète, qu'il provient de la décomposition d'antiques amas d'arbres et de plantes charriés il y a plusieurs milliers d'années par de grandes inondations qu'a subies l'ancien monde.

— Lors du déluge, dit un enfant.

— Oui, mon ami. Il y eut de grands bouleversements sur la terre : des forêts entières furent «à et là entassées et ensevelies, et dans le sein de la terre ellus se sont métamorphosées à la longue en couches! de pierres noires qui sont notre houille. Et il est fort heureux que cela soit ainsi et que l'homme ait découvert la propriété combustible de la houille, car déjà les bois se faisaient rares dans nos pays, et, à l'heure qu'il est, sans le charbon de terre, presque toutes nos forêts seraient consommées et les mille fourneaux qu'allume l'industrie humaine s'éteindraient faute d'aliment.

— Pourquoi appelle-t-on le charbon de terre : houille ?

— Je vai» te répondre, mon enfant, en racontant une petite nistoire que j'ai lue dans un vieux livre.

— Moi, j'aime bien les histoires, dit une petite fille.

— Il y avait une fois dans la ville de Liége, en Belgique, un pauvre forgeron. Il habitait une rue obscure où se trouvait son modeste atelier. Un jour, pendant qu'il était occupé à battre son fer avec une grande ardeur, un étranger, qui passait devant sa boutique, s'arrêta pour le considérer et finit par lui adresser la parole. Cet étranger avait une physionomie respectable, la barbe et les cheveux blancs. — Vous faites un rude métier, dit-il au forgeron ; êtes-vous satisfait de ce qu'il vous rapporte ? — Hélas ! répondit le pauvre homme en essuyant la sueur de son front, presque tout mon gain est employé à payer ce malheureux charbon qui me coûte si cher. — Oui, reprit le passant, je vois que c'est du charbon fait avec du bois et qu'on vous apporte à grands frais des forêts voisines. — C'est tout au plus, dit le forgeron, si je gagne de quoi nourrir ma pauvre famille. — Mais, reprit le vieillard, s'il ne vous fallait que creuser un peu la terre pour trouver un charbon qui ne vous coûterait rien, seriez-vous heureux ? — Si je serais heureux !... repartit l'ouvrier en joignant ses mains. — Eh bien ! écoutez, continua l'étranger, allez ici près, au Flénu! vous avez dû y passer souvent, sans doute, et remarquer en certains endroits une sorte de terre noire mêlée à de la terre ordinaire. Prenez cette terre noire, mettez-y le feu, et, croyez-moi, vous n'aurez plus besoin d'autre charbon.

Là-dessus l'étranger s'éloigna en souhaitant le bon soir au forgeron. Celui-ci, ébahi, crut d'abord que le vieillard avait voulu se moquer de lui ; mais il avait une si honnête et si digne figure ! Notre homme reprit confiance et s'en alla en toute hâte au Flénu ; là il reconnut bientôt sur le sol des traces d'une terre friable et noirâtre dont il remplit son tablier. Etant rentré chez lui aussitôt, il en jeta une poignée dans son brasier. Quel ne fut pas son ravissement de la voir s'enflammer et brûler avec un joyeux pétillement. Il venait de trouver le charbon de terre.

Le forgeron courut faire part de sa découverte à ses voisins. Tous allèrent au Flénu, fouillèrent la terre noire et y trouvèrent des pierres de même couleur parfaitement propres à faire du feu. Cela fit une grande réputation au forgeron, et, comme il s'appelait *Houl-loz*, le charbon qu'il avait découvert fut appelé *houille*. Quant au vieillard étranger, on le rechercha partout pour le remercier; mais on ne put le trouver nulle part, et l'on n'a jamais su qui il était. Depuis lors l'extraction de la houille est devenue pour le pays de Liége la source d'une grande richesse.

Tous les enfants avaient écouté l'histoire avec beaucoup d'attention; nul ne fit d'observation. Je continuai ainsi :

— Dans notre paysage il y a une forêt; dans la forêt les bûcherons abattent les arbres et mettent à part les bûches qu'ils empilent symétriquement. C'est du bois destiné au chauffage. — Un bûcheron n'abat pas les arbres à tort et à travers et dans toutes les saisons. Il sait que le bois coupé *hors de sève* donne plus de chaleur que celui coupé *en temps de sève ;* — que le chêne, le hêtre et le charme sont les meilleurs bois à brûler; — le sycomore, l'orme, le frêne, l'alisier, l'érable ne viennent qu'en seconde ligne ; — il sait encore que le bois, pour donner le plus de chaleur possible, ne doit pas être coupé avant vingt ans, âge où il devient taillis; il sait que le tronc chauffe mieux que les branches. — Maintenant voici une espèce de hutte d'où s'échappent des tourbillons de fumée. Eh bien! cette hutte faite avec un mélange de gazon, de feuilles et de terre gâchée, renferme un échafaudage de branches d'arbres destinées à faire du CHARBON. On met le feu à ces branches, et l'on a le soin de laisser quelques ouvertures à la hutte pour faire circuler l'air nécessaire à la combustion. Dès que le bois est bien embrasé et que le charbon est fait, on ferme ces ouvertures pour étouffer le feu. L'opération dure deux jours et demi ou trois jours, selon que le bois est sec ou vert. Les meilleurs bois pour le charbon sont les plus durs ; ainsi le chêne, le charme, le hêtre, le châtaignier ; quand ils sont abattus depuis un an, ils n'en sont que plus convenables. Quand le charbon est fait on le met en sacs.

— Passons à autre chose. — Une cheminée. Ce n'est pas une petite affaire que de construire une bonne cheminée ; combien d'appartements fort beaux laissent à désirer sous ce rapport. La profondeur du foyer doit être bien calculée ; l'ouverture trop petite d'une cheminée occasionne une combustion trop prompte, l'ouverture trop grande fait fumer la cheminée par défaut de tirage. Cette ouverture doit toujours être en rapport avec le tuyau de conduite ; ainsi elle sera plus étroite et plus basse en proportion de l'élévation des étages. Le sommet du tuyau sortant sur le toit ne doit jamais être dominé par un mur ou une éminence quelconque, parce que le moindre vent refoulé par cet obstacle s'engouffre dans le tuyau et repousse la fumée dans les appartements. Ce tuyau lui-même doit avoir de certaines dimensions pour opérer convenablement le tirage. Enfin l'encadrement de l'ouverture du foyer en briques blanches vernies est le meilleur, parce qu'il projette bien la chaleur dans la chambre, tandis que, s'il était noir et terne, il l'absorberait au contraire. — Passons.

— Voici maintenant une CHAUFFERETTE, ce petit meuble si nécessaire à la pauvre ouvrière qui ne peut pas toujours avoir du feu l'hiver dans son poêle ou sa cheminée. Un sou de poussier de charbon la chauffe tout un jour. Il y a aussi ce qu'on nomme un BRASERO. Ce nom est espagnol et signifie brasier, à cause de la destination de l'objet, qui est fait pour recevoir du charbon embrasé, c'est-à-dire de la *braise*. Dans les maisons d'Italie et d'Espagne on voit peu de cheminées ; on chauffe les appartements en y entretenant ces petits foyers portatifs.

— Qu'est-ce que c'est qu'une BOURRÉE ?

— Mon enfant, c'est un fagot de menues branches. Dans les pays vignobles, on fait un grand usage de petits fagots de sarments de vignes ; ils donnent une belle flamme, très-chaude, joyeuse et claire.

— Pourquoi appelle-t-on COTRETS les bûches liées en faisceaux ? demanda l'enfant.

— J'allais le dire, mon ami : c'est parce que le bois qu'on apporte à Paris lié de cette manière, arrive des forêts qui sont dans le voisinage de Villers-Cotterets, ville du département de l'Aisne.

— Qu'y a-t-il dans cette grande boîte divisée en trois compartiments ? dit un enfant.

— Dans le premier il y a de la houille. Je vous ai dit tout à l'heure de quelle utilité était la houille dans

l'industrie, d'autant plus qu'elle donne plus de chaleur que le bois, et par conséquent alimente les fourneaux à meilleur marché. On commence maintenant
à employer aussi ce combustible pour le chauffage des
maisons ; mais quand les cheminées ne tirent pas
bien, il a l'inconvénient de répandre une odeur désa-
gréable. Cette odeur provient des gaz et de l'huile que
renferme le charbon de terre, et qui, quand ils ne
brûlent pas bien, produisent une fumée suffocante.
Maintenant vous me direz : Si l'on pouvait dépouiller
la houille de ces gaz et de cette huile, l'inconvénient
disparaîtrait. Ceci est parfaitement vrai; aussi n'a-t-
on pas manqué de le faire, et la houille, quand elle a
subi cette opération, devient COKE; c'est ce que vous
voyez dans l'autre compartiment. Nous reparlerons un
peu plus tard de cette opération, qui est au fond ana-
logue à celle par laquelle le bois devient charbon en
se débarrassant, lui aussi, par le feu, des gaz, de l'eau
et autres matières étrangères qu'il renferme.

— Qu'est-ce qu'il y a dans le troisième compartiment?

— C'est de la TOURBE.

— Qu'est-ce que c'est que de la tourbe ?

—La tourbe est une matière brune formée dans le
fond de certains marais par l'entassement des débris
de plantes aquatiques. Cette matière, retirée de l'eau
et desséchée, devient très-propre à la combustion.
Dans certains pays, on en recueille beaucoup, et elle
sert particulièrement au chauffage des pauvres gens

à cause de son bon marché. Autre chose : voici un tonneau qui est plein de pommes de pin. Mais tenez, à propos de tourbe, un souvenir me vient. Il y a dans l'Amérique du Nord des plaines immenses de plusieurs centaines de lieues d'étendue, au pied oriental des montagnes Rocheuses. Ces plaines ne produisent que de l'herbe et sont dépourvues d'arbres et même d'arbrisseaux ; mais ces vastes prairies son peuplées de nombreux troupeaux de bisons. La fiente desséchée de ces animaux sert de combustible aux Indiens de ces contrées, de même que la fiente des chameaux sert aux Arabes dans les déserts de l'Afrique. Ce combustible produit un feu semblable à celui de la tourbe. Il est vraiment merveilleux de voir comment Dieu a mis dans chaque pays des ressources inattendues pour les besoins des hommes. Revenons à nos *pommes de pin*. Elles sont fort commodes pour allumer le feu, à cause de la résine très-inflammable qu'elles renferment : c'est ce qui a donné l'idée de faire pour le même usage les *boules pyrogènes* qui sont dans cette boîte devant le tonneau ; elles sont faites avec des copeaux de bois blanc enduits de résine.

— Et les mottes, dit un enfant, avec quoi sont-elles faites ?

— Mes enfants, les mottes sont faites avec l'écorce pulvérisée de certains arbres et surtout du chêne, après qu'elle a servi au tannage des peaux.

— A présent, parlons du POÊLE.

— Oui, on fait des poêles en faïence ; on en fait aussi

de fonte. Un poêle, au moyen de tuyaux prolongés, peut servir à chauffer plusieurs pièces. Les Romains autrefois avaient, pour chauffer leurs habitations, de vastes poêles souterrains qui, par des tuyaux et des ouvertures ménagées dans chaque chambre, y projetaient de l'air chaud. C'est un système employé encore aujourd'hui dans certains grands établissements publics. Les églises, à Paris, sont chauffées ainsi, de même qu'un grand nombre de maisons particulières. L'air chaud par des soupiraux grillés qui s'ouvrent de distance en distance au milieu des dalles du sol. Voyons autre chose. Entrons dans une étable; il y a un âne, une chèvre, un mouton. Au milieu une famille est réunie; oui, en vérité, toute une famille. Le père fabrique un manche pour quelque instrument d'agriculture, la mère file, la fille aînée coud et les petits enfants jouent. C'est le soir; cette famille fait sa veillée dans l'étable, et pour n'avoir pas besoin de faire du feu, profite de la chaleur qu'y répandent les animaux. Ainsi se chauffent les paysans des villages situés dans les Alpes. Vous voyez bien, comme je vous le disais, qu'on peut se chauffer sans feu: la CHALEUR DE L'ÉTABLE en tient lieu. Et, du reste, vous savez bien par vous-mêmes que l'on se réchauffe uniquement en se donnant du mouvement, en courant, malgré des froids rigoureux. — Autre manière. Il y a dans le Cantal une ville qu'on appelle Chaudesaigues, et dont les pauvres habitants se chauffent l'hiver en faisan circuler dans leurs maisons un ruisseau provenant des sources d'eaux chaudes qui sortent de leurs montagnes. — C'est assez curieux, cela ! faire couler un ruisseau d'eau chaude dans sa chambre ! — On en pourrait faire autant partout où il y a des eaux thermales. A propos de ces eaux, remarquons que leurs vapeurs chaudes rendent bien souvent dans les *étuves* la santé à des malades.

— Qu'est-ce que c'est que des étuves ?

— Ce sont de petits cabinets bien clos dans lesquels on fait arriver à profusion les vapeurs des eaux chaudes. Le malade reste plus ou moins longtemps dans ce cabinet, et ces vapeurs lui occasionnent une transpiration salutaire. — Tenez, mes chers enfants, voulez-vous que je vous cite encore un moyen de chauffage sans feu ?

— Frottez-vous les mains l'une contre l'autre, fort et vite.

— Pourquoi donc ?

— Faites, vous verrez.

Tous les enfants se mirent en riant à se frotter les mains.

— Eh bien ! que sentez-vous ?

— Ça chauffe les mains, dirent-ils tous.

— C'est cela. Eh bien ! le frottement produit de la chaleur, que ce soient les mains, des morceaux de bois ou des morceaux de fer qu'on frotte ainsi l'un contre l'autre. On a donc imaginé de renfermer dans un poêle deux plaques de fonte en forme de meules, l'une immobile, l'autre tournant rapidement en frottant la

première. Par ce moyen, le poêle s'échauffe promptement et son tuyau conduit la chaleur où l'on veut.
Dans une expérience on a pu, par ce moyen, en deux
heures et demie, faire bouillir 1,319 litres d'eau prise
à la température de la glace fondante.

— Oh! c'est bien extraordinaire! firent les enfants.

— Sans doute, mais l'essai fut trop coûteux à cause
de la force nécessaire à tourner les meules: on y renonça. — Continuons. Mes enfants, quand on fait du
feu dans un lieu renfermé, il faut toujours que l'air du
dehors puisse y entrer par quelque endroit ; en effet,
le feu, en brûlant prend dans l'air justement la partie
que nous avons besoin de respirer pour vivre, l'oxygène. Or vous comprenez que, si à mesure que cette
partie de l'air se trouve consumée par le feu, l'air du
dehors ne nous en rapportait pas, bientôt nous nous
trouverions au milieu d'un air incomplet, mauvais
pour nous, dès lors vicié, et le résultat serait la mort
par *asphyxie*, c'est-à-dire pour défaut d'air respirable.
Il faut donc toujours ou qu'il rentre de l'air par le
tuyau de la cheminée, et alors la fumée rentre en
même temps, ou que les portes et les fenêtres laissent
passer par leurs fentes de l'air pur pour remplacer
celui que gâte le feu. — Mais cet air qui pénètre par
les portes et les fenêtres est froid, et tout nécessaire
qu'il est, il n'en refroidit pas moins la chambre. On
s'est demandé s'il n'y aurait pas moyen de ne laisser
entrer dans la chambre que de l'air chaud. Ce moyen,
on l'a trouvé. On établit sous le parquet d'une chambre

un petit conduit qui s'ouvre sur l'extérieur de la maison ; l'air de la rue y pénètre, mais l'autre bout de ce conduit vient donner dans une sorte de boîte qui enveloppe le poêle et son tuyau ; l'air froid y arrive, attiré par la chaleur, et s'y échauffe en s'élevant le long du poêle allumé : aussi, quand, arrivé jusqu'auprès du plafond, il trouve une ouverture pour se répandre dans la chambre, il n'est plus froid et renouvelle ainsi la provision de l'appartement, pendant que celui qui a été décomposé par le feu s'échappe par le tuyau du poêle. Ainsi on peut fermer hermétiquement les portes et les fenêtres et la chambre se maintient parfaitement chaude.

— C'est bien imaginé, ça ! dirent les enfants.

— N'est-ce pas ? Eh bien ! voici quelque chose de plus curieux encore. C'est une *cornue pour le gaz de l'eau.* — Tout à l'heure vous avez ri, mes enfants, quand je vous ai dit qu'on trouvait dans l'eau de quoi se chauffer et s'éclairer ; je vais vous faire voir comment. Retenez bien ceci. L'eau est un composé de deux gaz, l'hydrogène et l'oxygène. Le gaz hydrogène est très-combustible et dégage, en brûlant, beaucoup de chaleur ; il ne s'agit donc, pour se chauffer avec ce gaz, que de l'extraire de l'eau. C'est avec une cornue ou boîte de fer que l'on accomplit cette opération. On la place dans un fourneau et on la chauffe au rouge ; on la charge alors d'une couche de poussier de charbon de bois, et on lâche dans l'intérieur un jet de vapeur d'eau par un tuyau qui est sur le côté. Voici ce

qui se passe alors : le charbon embrasé ayant la propriété d'attirer l'oxygène, l'eau venue en vapeur est
aussitôt d'composée, puisque son oxygène va au charbon, tandis que son hydrogrène reste seul à part et
s'échappe par le tuyau qui est au-dessus de la corne;
mais avec lui s'élève un nouveau gaz formé par le
mélange du charbon et de l'oxygène, c'est-à-dire de
l'acide carbonique. Ce gaz acide carbonique et le gaz
hydrogène arrivent ensemble alors dans ce qu'on appelle un épurateur, où se trouve de la chaux sèche.
Or cette chaux a la propriété d'attirer et d'absorber
l'acide carbonique; il en résulte que le gaz hydrogène
peut enfin sortir seul de l'épurateur et va s'accumuler
dans des réservoirs nommés gazomètres. De ces gazomètres on le dirige, par des conduits cachés, jusqu'au milieu des salons. Sous une sorte de cage élé-
gante, en treillis, une tige creuse reçoit le gaz et le
distribue dans de petits cercles également creux qui
l'entourent, laissant échapper l'hydrogène tout autour
par de petits trous. Un ventilateur emporte l'air vicié
qui s'échappe ordinairement par le foyer dans le tuyau
de la cheminée. — Je vous dirai, en passant, que ce
gaz peut également être employé pour faire la cuisine.
Maintenant vous savez ce que c'est que le gaz HYDRO-
GÈNE PUR OU GAZ DE L'EAU. — Nous avons fini tout ce
qui a rapport au chauffage, nous allons passer en revue
ce qui concerne l'éclairage, et nous n'oublierons pas
le *bec à mèche de platine.* — Tout ceci vous intéresse
t-il, mes enfants?

— Oui ! oui ! oui !

— Allons, tant mieux. — Occupons-nous donc de l'éclairage, du PHOSPHORE et des MÈCHES. Chacun de vous sait ce que c'est que des mèches, — du coton soit roulé, soit tressé, qui, dans les lampes, aspire l'huile en quelque sorte pour en présenter toujours à la flamme au fur et à mesure que celle-ci la dévore. Les mèches de chandelle et de bougie produisent le même effet pour le suif ou la stéarine que la chaleur fait fondre. Je vais vous expliquer dans un instant ce que c'est que la stéarine.

— Mais le phosphore ?

— Nous y voilà. Le phosphore est une substance que vous avez remarquée, j'en suis sûr. Elle entre lans la composition des allumettes chimiques, et c'est elle qui, quand on les frotte sur un objet dans l'obscurité, y laisse des traces lumineuses, vacillantes et qui persistent pendant un assez long moment. — Quelques plantes, mais beaucoup d'animaux sont phos-phorescents, c'est-à-dire portent naturellement une forte dose de phosphore qui les rend lumineux dans la nuit. — Ainsi vous connaissez tous le scarabée, nommé *ver luisant*, qui, pendant les nuits d'été, brille comme une petite étoile dans les buissons. — Un insecte de cette sorte, que l'on appelle, à cause de sa propriété, *fulgore porte-lanterne*, répand, à ce qu'on assure, une telle clarté la nuit, qu'elle permet de lire les caractères les plus fins. Le fulgore ne se rencontre que dans le spays chauds.

Certaines mers sont si pleines d'animaux phospho-
rescents que les vagues en se brisant sur les rochers
projettent une lueur semblable à celle des éclairs; c'est
un spectacle magique.

. — Mais continuons. — Vous connaissez l'ESPRIT-DE-
VIN; vous savez avec quelle facilité brûle ce liquide,
qui provient de la distillation du vin. On fait des
lampes alimentées à l'esprit-de-vin. — Surtout pour
chauffer, il est vrai; — on se sert aussi d'*essence de
térébenthine*. — Cette essence est le produit de la distillation de la résine qui découle des pins, sapins, mélèzes et de quelques autres arbres; elle est très-inflammable et peut, convenablement mélangée, servir
à l'éclairage. — Tenez, mes enfants, voici des morceaux de résine qui, telle qu'elle découle des arbres
que nous venons de nommer, brûle facilement aussi;
elle sert, mélangée avec de la cire, à faire des TORCHES
Ce grossier flambeau est bon pour s'éclairer en plein
air, parce que le vent l'éteint difficilement. — Nous
avons nommé la CIRE. — Vous savez, mes enfants, que
ce sont les abeilles qui la produisent chez nous et
qu'on en fait des bougies. — Dans la Chine, ce pays
de bien des merveilles, il y a une autre espèce de cire
fabriquée par de petits insectes appelés *a tchoug*; ils
ne se rencontrent que dans certaines provinces, ils se
fixent sur les feuilles et l'écorce du sumac, arbre qu'ils
affectionnent, et y déposent de petits rayons d'une
cire très-blanche et brillante. — Les Chinois ont encore ce qu'ils nomment *chou-lah*, ou suif d'arbra,

qu'ils recueillent, en effet, dans les petits fruits d'un arbre, et avec lequel ils font des chandelles dont la lumière est vive et blanche. — Un autre arbre de ce genre se trouve au Pérou ; il produit des grappes de petites baies pleines d'une cire dont on fait des bougies ; leur flamme est bleuâtre, mais belle et répand une odeur aromatique agréable. — Nous, nous faisons nos chandelles avec la graisse fondue des animaux, bœufs, moutons, qui prend le nom de SUIF ; — la STÉARINE dont on fabrique tant de bougies, n'est autre chose que le suif après que, par une forte pression, on en a extrait toute la partie grasse et huileuse ; ce qui reste est sec et cassant comme nous voyons la bougie.

— Mais les HUILES sont la substance la plus avantageuse pour l'éclairage domestique ; nous avons les *huiles de noix, de poisson et de schiste ;* je pourrais en nommer bien d'autres. L'huile, si utile à l'homme, se rencontre en grande abondance dans la nature ; les végétaux, les animaux et même des minéraux nous en fournissent : ainsi non-seulement les noix, mais les olives, toutes les amandes, sans oublier le coco, une foule de graines, œillettes, colza, lin, sésame et tant d'autres donnent de l'huile. — Parmi les animaux, nous pouvons citer d'abord tous ceux dont le suif se divise en stéarine et en huile, ainsi que nous venons de le dire ; et puis de nombreux habitants de la mer, baleines, phoques, loups-marins, enfin, la houille par sa distillation donne de l'huile aussi, nous l'avons déjà dit ; il est des pays où se trouvent des bitumes tels que l'asphalte, le naphte, le pétrole, qui fournissent encore une sorte d'huile : ce sont ces huiles provenant de matières minérales que l'on appelle *huiles de schiste* et *huiles minérales*.

Pour s'éclairer au moyen de ces huiles on se sert de lampes. Les lampes étaient autrefois et ont été pendant longtemps d'une extrême simplicité. Ainsi, figurez-vous une sorte de tasse très-évasée et couverte ; d'un côté est un bec pour laisser passer la mèche trempant dans l'huile, de l autre une anse, et dessus un trou pour verser l'huile dans l'intérieur. Les Romains leur donnaient souvent des formes plus gracieuses de barque, d'oiseau, de conque marine ; mais c'était toujours, en résumé, une mèche dans le réservoir d'huile et brûlant à niveau du liquide. Argand, le premier, au siècle dernier seulement, a commencé à porter une amélioration sensible dans le système des lampes, et a imaginé celle que nous appelons aujourd'hui *quinquet*. Quinquet est le nom de celui qui ajouta à la lampe d'Argand la cheminée de verre : c'était un grand progrès ; mais combien on était loin encore de nos lampes mécaniques ! Dans ces lampes, c'est le pied qui est le réservoir d'huile, et le liquide monte à la mèche, tantôt par le moyen d'un ressort, tantôt par la pression de l'air, tantôt par celle de l'eau M. Carcel, qui a imaginé la plus parfaite, fait monter l'huile à la mèche au moyen d'une pompe mise en action par un mouvement d'horlogerie ; nulle lampe ne donne une lumière plus blanche et plus éclatante. —

La lampe solaire est très-simple, car sa mèche trempe directement dans le réservoir d'huile ; mais ce qui lui donne un éclat tout particulier, c'est l'établissement d'un excellent système de courant d'air autour et dans l'intérieur de la flamme de telle sorte qu'il n'y a aucune parcelle d'huile perdue en fumée, tout est brûlé et donne sa lumière ; cette lampe a encore l'avantage de brûler sans odeur toutes les huiles pures ou impures. La lampe à huile minérale est construite différemment. La mèche ne brûle pas ; elle n'est là que pour conduire l'huile minérale ou essence jusque *tout près* d'un bec de cuivre qu'on échauffe avec un allumoir. La chaleur du bec fait *évaporer* l'essence, et c'est la *vapeur* qui, passant par le trou du bec, s'allume et produit la flamme.

— Et le lampion ! s'écria un enfant.

— Ah ! oui, le lampion : c'est tout simplement de la graisse ou du suif avec une mèche grossière au milieu. Mais le lampion nous fait penser aux illuminations et aux feux d'artifice, ces éclairages de circonstances qui sont censés être le symbole de grandes joies, et qui, la plupart du temps ne signifient rien.

— Nous avons aussi le *gaz pour l'éclairage*, provenant de la *distillation de la houille*. Voici comment, en distillant la houille, on obtient non-seulement 1 ; coke, ainsi que nous l'avons déjà dit, mais encore le gaz pour l'éclairage. — On emploie des fourneaux dont les bouches sont au niveau du sol. Dans ces fourneaux sont des cornues de fer appelées *retortes*, 1 genre de celle dont nous avons déjà parlé à propos du gaz de l'eau. — On remplit les retortes de charbon de terre et on les ferme hermétiquement en enduisant le bord des portes de terre glaise. — Cela fait, on chauffe jusqu'au rouge les retortes, et la houille qu'elles renferment se décompose; tout ce qu'elle contient de parties non charbonneuses se met en vapeur et se rend par un tuyau dans ce qu'on appelle un *réfrigérant*, c'est-à-dire un endroit où cette vapeur se *refroidissant*, l'huile que contenait la houille devient liquide et tombe à part. Mais la houille contenait en outre beaucoup de gaz hydrogène qui, lui, ne devient pas liquide et s'échappe par un conduit qui descend en terre pour aller sortir sous une espèce de cloche renversée qui est le réservoir du gaz et qu'on appelle *gazomètre*. — Comme vous le devinez bien, après l'opération, il ne reste que du coke dans les retortes.

— Mais pourquoi chercher le gaz hydrogène dans le charbon de terre, puisqu'on le retire de l'eau? — fit observer un enfant.

— C'est que le gaz hydrogène de l'eau est pur, et s'il est très-propre pour chauffer, il ne l'est pas également pour éclairer. Pour ce dernier emploi, il doit renfermer une certaine dose de charbon, et le gaz provenant de la houille contient ce charbon, ou *carbone*; à cause de cela on l'appelle *gaz hydrogène carboné*. — Ce n'est pas qu'on ne puisse fort bien éclairer aussi avec le *gaz hydrogène pur*; mais voici comment on s'y prend. — On a remarqué que le platine, chauffé non pas seulement jusqu'au rouge, mais jusqu'au blanc, jette un grand éclat : qu'a-t-on fait alors? Au-dessus d'un bec de gaz ordinaire percé de petits trous, on place une espèce de mèche de fil de platine très-délié; cette mèche est chauffée violemment par le feu du gaz hydrogène pur, et elle jette alors, elle, un éclat dont manquerait le gaz seul, et il en résulte une magnifique lumière. — Est-ce bien compris ?

— Oui ! oui !

— Je vais maintenant vous parler d'un éclairage d'une immense utilité pour les marins qui, dans la nuit, s'approchent des côtes : le PHARE, c'est-à-dire un foyer ardent de lumière placé au sommet d'une tour pour être aperçu de loin.—Ceci me rappelle une autre invention moderne également très-utile dans un but tout autre. C'est une lampe de mineur imaginée par le célèbre chimiste anglais Davy, pour éviter les explosions produites dans les mines par l'inflammation des gaz, et dont les ouvriers étaient souvent victimes. Ce qui a fait la sûreté de cette lampe, c'est une petite cage en treillis métallique qui l'environne complétement et qui ne laisse passer la lumière que par des ouvertures très-petites, puisqu'il doit y en avoir 750 par pouce anglais carré : Davy avait reconnu que le gaz qui entoure une lampe dans des conditions pareilles brûlait lentement sans occasionner d'explosion.

Il y a en Chine

quelques localités. Depuis très-longtemps les Chinois creusent des puits artésiens qui ont 500, 700 et 1,000 mètres de profondeur. Ces puits amènent généralement des eaux salées dont on retire le sel avec soin, parce que dans ces provinces de l'empire chinois éloignées des côtes le sel est rare et très-cher ; mais il arrive que, dans certains endroits, notamment dans une bourgade nommée Tsée-lieou-Tsing, au lieu d'amener de l'eau salée, les puits jettent un gaz très-inflammable et qui a une forte odeur de bitume ; on conduit ce gaz où l'on veut par des tuyaux de bambou, et il fournit une lumière bleuâtre perpétuelle. — Il est de ces puits autour desquels le terrain est chaud ; les pauvres, l'hiver, y creusent un trou dans le sable, et en y allumant quelques poignées de paille, embrasent les émanations gazeuses qui sortent du sol, de sorte que cela forme un foyer de flammes autour duquel se chauffent ces malheureux rangés en cercle. Ajoutons ce genre de chauffage à ceux dont nous avons déjà parlé. — A propos de la Chine, je vous dirai encore que le mode d'éclairage ordinaire préféré des Chinois consiste en petites bougies renfermées dans des lanternes. Ils ont des quantités considérables de lanternes travaillées avec beaucoup de délicatesse. Les enveloppes sont de soie fine et transparente, et représentent des fleurs, des arbres, des oiseaux, des paysages. Le quinzième jour de la première lune, les Chinois célèbrent ce qu'ils appellent la *fête des lanternes ;* — c'est la plus solennelle. Toutes les villes de l'empire sont ce jour-là illuminées avec d'innombrables lanternes de toutes formes et de toutes couleurs. — On dit que cette fête a été instituée pour célébrer le souvenir du renversement de la tyrannie de l'empereur Ki, il y a plus de 3,000 ans.

— Ce doit être fort joli, cette illumination! dirent les enfants.

— Oui, on assure qu'elle produit le plus magique effet. Nous allons finir notre revue de chauffage et de l'éclairage en parlant d'une lumière qui n'a pas sa pareille, de la LUMIÈRE ÉLECTRIQUE. L'électricité est un agent puissant que Dieu a mis dans la nature, et auquel sont dus bien des phénomènes, entre autres la foudre. L'homme est arrivé à produire à volonté l'électricité, sans cependant savoir en quoi elle consiste, et il peut l'employer à s'éclairer magnifiquement. C'est le physicien Volta qui, au commencement de notre siècle, découvrit que la décomposition de certains métaux par les acides produisait de l'électricité, tout comme la décomposition du bois par le feu produit de la chaleur; et alors voici ce que l'on fait pour avoir de l'électricité : on prend un bocal de verre où l'on met de l'eau acidulée ou salée, et dans cette eau du zinc dont une tige s'élève hors du vase; on place encore dans cette eau un petit vase de terre poreuse contenant de l'eau encore, dans laquelle on fait dissoudre de la couperose bleue ou sulfate de cuivre : enfin, plongeant dans ce dernier vase, est une tige de charbon à l'extrémité supérieure de laquelle est attachée une tige de cuivre. Notez que les liquides des deux vases communiquent entre eux, les parois du plus petit étant, comme je l'ai dit, de terre poreuse. — Eh bien, mes enfants, un bocal mis dans cet état produit de l'électricité, en petite quantité, c'est vrai, mais il en produit, et il est facile de s'en assurer en rapprochant les deux tiges de zinc et de cuivre qui sortent du bocal et appuyant sur l'une et l'autre un mince fil de fer. Aussitôt ce fil de fer devient rouge et se brise. En multipliant le nombre de ces bouteilles électriques et les mettant toutes en communication entre elles au moyen de leurs tiges métalliques, on obtient une électricité de plus en plus forte. Il faut avoir soin, par exemple, que les bouteilles ne soient mises en communication que par les métaux opposés : ainsi la tige de zinc doit toucher celle de cuivre de la bouteille voisine, tandis que la tige de cuivre touche celle de zinc d'une autre. Au moyen d'un fil de fer ou de cuivre, on met en rapport ces bouteilles et le petit appareil où doit se produire la lumière. Cet appareil consiste en deux tiges sur un plateau ; ces deux tiges supportent, au milieu, un bâton de cuivr terminé par un morceau de charbon en forme de crayon et placé la pointe en l'air. — De la partie supérieure descend une autre pointe encore de cha bon qui vient se présenter à la première. L'étincelle, et par suite la lumière électrique, se produit aussitô que ces deux pointes sont presque en contact. L'éclat de cette lumière est tel qu'il éblouit la vue ; et on le comprend aisément, car avec 50 bouteilles on produit une étincelle qui équivaut à 50 becs de gaz. — Cette sorte d'éclairage est encore dans l'enfance ; on fait des expériences de toute nature sur les moyens de l'appliquer à divers usages. On se fait une idée de l'utilité qu'on peut en tirer, en songeant que quand un phare ordinaire éclairé à l'huile permet de lire à une distance de 100 mètres, le même phare éclairé par l'électricité permet de lire à 3,000 mètres d'éloignement. Les applications de l'électricité à d'autres usages que l'éclairage ne sont pas moins surprenantes. Reconnaissez-vous maintenant que le cuivre et le zinc peuvent servir à l'éclairage ?

— Et là-dessus nous avons fini pour ce soir, bien qu'il soit possible encore de dire bien d'autres choses sur ce sujet... Nous pourrons y revenir une autre fois.

— Mais il se fait tard, et dans le feu de notre explication nous avons laissé éteindre le feu de la cheminée. La lampe commence à pâlir aussi, faute d'huile.

— Allons donc nous coucher, et remercions Dieu de ce qu'il nous a fourni l'occasion d'apprendre encore quelque chose aujourd'hui.

— Bonne nuit, donc ! bonne nuit !

— Je pense à un oyen de chauffage, moi, dit une fillette, sans feu et sans lumière : je vais me chauffer sous les couvertures de mon lit. — Bonsoir !

LES TROIS ORPHELINS

LA MARINE

Pauvres enfants! ils allaient devenir orphelins dans quelques heures ; car leur mère était là dans la chambre d'à côté, s'éteignant petit à petit et n'ayant plus de souffle que tout juste pour répéter de temps en temps : — Mes pauvres petits, mes pauvres petits, que vont-ils devenir ?

Oui, le malheur s'était étendu sur cette famille, car le père des enfants dont nous parlons, Jean Gorec, brave et honnête matelot, avait péri l'année précédente dans un voyage en cherchant à sauver un de ses camarades qui, au milieu d'une tempête, était tombé à la mer. Sa veuve Catherine en apprenant cet affreux malheur, qui lui enlevait le pain de ses trois petits enfants, était tombée malade. Depuis elle n'avait fait que languir, et enfin elle était sur le point de mourir, abandonnant à la garde de Dieu trois orphelins : Thomas qu'on appelait habituellement Tom, et qui avait onze ans, Michel, âgé de neuf ans, et Jeanne, qui n'en avait que sept.

Mais il y avait de braves gens, amis de la famille Gorec, et qui à la mort du marin s'étaient empressés de venir en aide à la veuve et aux enfants; et dans le moment solennel où ceux-ci se trouvaient le soir dont nous parlons, ils s'étaient fidèlement rendus au pauvre logis de la mourante. Les uns l'entouraient de soins devenus inutiles, les autres s'efforçaient dans la pièce d'à côté de distraire les pauvres enfants, qui ne sentaient que trop la perte irréparable qu'ils étaient sur le point de faire.

Ceux qui étaient là avec les enfants, autour d'un modeste feu, car le froid de décembre se faisait déjà sentir, c'étaient deux marins, amis particuliers du père Gorec; ils s'appelaient l'un Marcol et l'autre Dorion.

Ils parlaient de leurs voyages en mer, d'aventures, de choses surprenantes, enfin de tout ce qu'ils supposaient pouvoir captiver l'attention des enfants.

« C'est bien curieux, tout ce que vous nous dites là, interrompit Tom, et ça donne envie de faire des voyages comme vous; mais quand je pense que c'est la mer qui a fait mourir notre père... oh! alors je n'aime plus la mer.

— Oh! oui, oui, la mer est mauvaise, s'écria la

petite Jeanne, elle ne fait que du mal... Elle a fait mourir mon bon papa.

— Voyons, écoutez, mes petits enfants, reprit Martol en passant ses mains sur ses yeux, oui, la mer cause bien des malheurs, mais il ne faut pas dire qu'elle est mauvaise ; il ne faut jamais juger les choses pour le bien ou le mal qu'elles nous font à nous-mêmes, mais pour l'utilité dont elles sont pour les hommes en général ; — aussi, croyez-moi, la mer est une des grandes choses que Dieu a faites. — D'abord la mer est nécessaire pour fournir, par l'évaporation, aux nuages l'eau qui, en tombant en pluie sur la terre, alimente les sources et par suite les ruisseaux, les rivières et les fleuves, arrose les campagnes et les rend fertiles. — Mais ce n'est pas tout ; — vous savez combien il est difficile d'aller sur la terre d'un pays dans un autre, surtout quand ces pays sont éloignés les uns des autres. — Il faut beaucoup de temps, beaucoup de voitures et de charrettes, bien des peines pour transporter des marchandises par terre ; aussi cela revient très-cher, et les communications et les échanges entre toutes les parties du monde rencontreraient d'innombrables obstacles s'il n'y avait pas de mer et qu'on fût toujours obligé de tout voiturer sur la terre. — Tandis qu'avec les vaisseaux, qui n'ont besoin que du vent pour marcher, on s'en va tranquillement à des milliers de lieues, emportant avec soi tout ce dont on a besoin , et plus encore des masses énormes de marchandises de toute espèce.

Sur les navires nous emportons tout ce que nous avons de trop des choses que produit le sol de notre pays ou de celles qui sortent de nos fabriques, et ces choses nous allons les vendre dans des endroits bien éloignés et où on n'en aurait pas sans cela, et puis de ces endroits-là nous rapportons d'autres produits qui ne se trouvent pas chez nous, ou bien dont nous n'avons pas assez ; et ainsi par le moyen de la mer et des navires les hommes de tous les points de la terre peuvent jouir de tout ce qu'il y a de bon dans chaque pays. C'est là le commerce maritime qui est bien plus important que celui qui se fait par terre. — Nous apportons de bien loin le riz, le coton, le café, le thé, le poivre, l'acajou et mille autres choses, et nous donnons en échange tout ce qui vient ou se fabrique chez nous. Voyez-vous, mes petits enfants, que la mer n'est pas si mauvaise et qu'elle est très-utile aux hommes ?

— Oui, oui, c'est vrai ! dit Tom.

Et Marcol continua et fit comprendre aux enfants ébahis toutes les richesses que l'on obtenait par le commerce, et par conséquent par la mer et les navires.

Mais on interrompit tout à coup ces récits ; l'une des personnes qui soignaient la pauvre mère vint les larmes aux yeux prendre les enfants et les conduisi' au lit de la mourante ; là les pauvres petits reçurent le dernier baiser maternel, et un instant après ils étaient orphelins.

Dès le surlendemain, après que la mère eut été

pieusement conduite au cimetière, Marcol, Dorion et les autres amis de la famille Gorec se réunirent.

— Ce n'est pas tout, dit Dorion, voilà trois petits orphelins qui restent et que nous ne pouvons pas abandonner.

— Non certes, dit chacun.

— Eh bien, voici ce que nous allons faire ; comme nous ne sommes riches ni les uns ni les autres, et qu'aucun de nous ne pourrait prendre les trois enfants, nous en prendrons chacun un ; moi, je me charge de Tom.

— Moi de Michel, s'écria Dorion.

— Moi de la petite Jeanne, ajouta un brave ouvrier nommé Lambert ; ça fera une compagne à ma petite Berthe, ma femme en soignera deux au lieu d'une voilà tout.

Il fut fait comme il était dit ; et Marcol s'en alla à Tom et lui dit : Mon ami, je serai ton père à présent ; je t'apprendrai le métier de marin, et je te mettrai en état de gagner ta vie quand tu seras homme.

Dorion dit à peu près la même chose à Michel, et les deux enfants n'eurent pas de peine à aimer ceux qu'ils avaient toujours vus les meilleurs amis de leur père.

Mais nous allons oublier un autre personnage de la maison Gorec, qui ne fut pas abandonné non plus. C'était un chien, pas beau, c'est vrai, mais qui aimait tant les enfants ! il s'appelait Dick. On le laissa suivre celui des enfants qu'il préférait ; il suivit Michel et s'installa avec lui chez Dorion.

Peu de temps après Marcol et Dorion furent engagés pour un long voyage sur deux navires, dont l'un allait à Lima, dans l'Amérique du Sud, l'autre à Chandernagor, colonie française dans l'Inde. Ils s'arrangèrent pour emmener avec eux les deux enfants et leur faire faire ainsi leur apprentissage de marin.

— Eh ! eh ! mes enfants, leur dit Marcol, nous allons donc tâter un peu de la mer. Vous commencez bien : c'est un beau voyage de long cours que vous allez faire. J'aurais aimé que vous fissiez avant un peu de cabotage ; mais, ma foi, on prend ce qui se trouve.

— Qu'est-ce donc, du cabotage, père Marcol ? — dit Tom.

— Mon petit, le cabotage, c'est le commerce qui se fait entre ports de mer voisins les uns des autres, de telle sorte que les navires n'ont pas besoin de s'éloigner beaucoup des côtes. — Les voyages de long cours sont ceux au contraire qui vous font rester plusieurs mois en mer.

Le jour du départ arriva. Il fallait se rendre à Brest pour s'y embarquer. Ah ! ce fut un cruel moment que celui de la séparation des deux enfants d'avec leur petite sœur Jeanne. Ils pleurèrent bien, car ils s'aimaient tendrement, ces pauvres enfants. Ils se dirent au revoir en sanglotant et se séparèrent. Dick aussi fit ses adieux à Jeanne en lui léchant ses petites

mains, et puis il s'éloigna tristement derrière les tal-
lons de Michel.

Dans le port de Brest, Tom et Michel admirèren
les arsenaux et les chantiers où s'élevaient les gigantesques carcasses de vaisseaux de guerre en construction. Les deux marins expliquaient aux enfants tout
ce que coûte de soin, de temps, de calculs et de matières de toute nature la CONSTRUCTION D'UN VAISSEAU·

— Dame ! disaient-ils, c'est que ça vaut la peine
qu'on y fasse attention ; la vie de 1,200 et même 1,500
personnes est souvent confiée à ces immenses navires.

Alors ils disaient quels bois étaient les meilleurs :
— le chêne pour la carcasse du bâtiment; le hêtre,
l'orme pour certains détails ; mais pour la mâture et
les vergues, toujours le sapin, parce que cet arbre, qui
est d'abord très-élevé et très-droit, conserve en outre
pendant très-longtemps une humidité naturelle qui
le rend souple et lui permet de plier sans casser. Et
puis ils détaillaient l'énorme quantité de cordes de
toutes dimensions nécessaires pour le GRÉMENT du navire, et qui, sous les noms de *grelin, drisse, amure,
écoute, câblot, câble,* etc., ont chacune une destination spéciale ; — le poids en fer des ancres, des canons,
et les innombrables objets qui forment l'ensemble d'un
beau vaisseau de 120 canons prêt à partir. — C'était
à effrayer l'imagination des enfants ; aussi leur stu-
péfaction fut-elle complète le jour où nos deux marins
conduisirent Tom et Michel à bord d'un vaisseau à

l'encre et le leur firent visiter. L'ordre admirable régnant au milieu de ces milliers d'objets divers, la propreté exquise au milieu de ce qui semblait devoir d'offrir que l'image de la confusion et du désordre, tout cela jetait les enfants dans un profond étonnement. — Marcol leur expliquait comme quoi le VAISSEAU A TROIS PONTS, qui est le plus grand, est semblable à une maison à trois étages, dont le rez-de-chaussée serait le fond du bâtiment. Il leur faisait voir les grandes ouvertures carrées, nommées ÉCOUTILLES et qui, comme des escaliers, permettent de descendre d'un pont à l'autre et jusqu'au fond, qu'on appelle la cale, et où sont disposés successivement, dans des compartiments appelés SOUTES, ou CALES, ou FOSSES, ou CAMBUSES, les poudres, les biscuits, les voiles, les câbles et cordages, les futailles et les vivres.

— Mais, dit Dorion, voilà le temps qui se passe; ces enfants auront bien le temps d'apprendre tout cela à bord pendant notre voyage; vous partez demain matin pour Lima, Marcol, moi pour l'Inde, il faut aller nous préparer.

En effet, le lendemain matin les deux marins et les deux enfants se dirent adieu et montèrent chacun sur le navire qui les attendait, Tom avec Marcol, Michel et le chien Dick avec Dorion.

Lu'n des navires s'en alla vers l'orient, l'autre vers l'occident. Les jours et les nuits passaient, et ils s'éloignaient de plus en plus l'un de l'autre. Ni Marcol ni Darion n'oubliait qu'il avait promis de servir de père à l'enfant de son ami, aussi l'un comme l'autre saisissait toutes les occasions d'apprendre à l'enfant qui l'accompagnait quelque chose du métier de marin.

Un jour Marcol énumérait à Tom les diverses espèces de navires de guerre français ; c'étaient d'abord les VAISSEAUX de premier rang à trois ponts, avec cent vingt canons, puis ceux de deuxième, troisième et quatrième rang ; à deux ponts et portant cent, quatre-vingt-dix et quatre-vingts canons ; puis venaient les FRÉGATES de soixante, cinquante ou quarante canons, avec deux ponts ; puis les CORVETTES qui ont deux ponts aussi, mais moins de quarante canons.

— Ces trois sortes de navires ajoutait Marcol, ont TROIS MATS ; tandis que les BRICKS, les GOELETTES, les LOUGRES n'en ont que deux et un seul pont. Les bricks ont jusqu'à vingt-quatre pièces d'artillerie ; les goelettes et les lougres moins de vingt. — Enfin, Tom, le CUTTER ou COTRE n'a qu'un mât et porte de sept à huit canons.

Maintenant, il ne faut pas oublier que bon nombre de ces bâtiments naviguent également par le moyen de la vapeur, sans compter ceux qu'on nomme spécialement bateaux à vapeur de l'État. Il y a encore, Tom, dans la marine militaire, quelques navires qui ont une destination spéciale : les GALIOTES A BOMBES, les CHALOUPES CANONNIÈRES, les PÉNICHES sveltes et rapides, particulièrement affectées, les unes et les autres, à la garde des ports et des côtes, et puis les GABARRES, gros navires destinés à porter aux escadres en

mer ou aux colonies des munitions et approvisionne-
ments divers. Enfin les FELOUQUES de la Douane.

— Et les navires marchands, père Marcol, comment
les distingue-t-on ?

— Dame, les plus gros sont les *trois-mâts*, puis
viennent les *bricks* et bien d'autres encore de dimensions moindres et variées, et qui, selon les pays, prennent des dénominations différentes ; mais la véritable
manière d'indiquer l'importance des navires du commerce, c'est de faire connaître leur capacité en *tonneaux*. Le tonneau, mon petit, c'est un poids de 1,000
kilogrammes ; et quand on dit d'un navire qu'il est de
20, 100 ou 500 tonneaux, on indique le poids qu'il peut
charger par rapport à sa dimension.

Une autre fois, c'était sur les diverses espèces de
mâts que roulait la conversation entre Marcol et Tom.
Ils grimpaient tous deux sur les *haubans*, ou grandes
échelles de corde qui, des bords du navire, s'élèvent
aux *hunes*, espèces de balcons placés à de certaines
hauteurs autour des mâts, et où se tiennent les matelots en *vigie*. De là, Marcol, en parlant, montrait du
doigt les objets à Tom. Celui-ci apprenait que le premier mât d'un vaisseau, celui qui est le plus rappro-
ché de l'avant ou de la PROUE, est le mât de MISAINE,
le second est le GRAND MAT, le troisième, le MAT D'AR-
TIMON, qui se trouve sur l'arrière ou vers la POUPE du
vaisseau. C'est ce dernier qui manque aux navires qui
n'ont que deux mâts.

— Mais ce n'est pas tout, mon petit, ajoutait Marcol, chacun de ces mâts se divise lui-même en trois parties qui prennent des noms différents : BAS MAT, grand ou petit MAT DE HUNE, mât de grand ou petit PERROQUET, telles sont les dénominations pour les parties du grand mât et celui de misaine; l'*artimon* se divise en *bas mât, mât de perroquet de fougue, mât de perruche.* Quelquefois, à ces trois parties des mâts on en ajoute un quatrième, le mât de *cacatoi.* — Après cela, chaque voile est dénommée selon la place qu'elle occupe sur le mât, et dans ce désordre apparent que paraît offrir à l'œil l'assemblage des voiles, vergues et agrès d'un navire, il y a cependant, mon petit, la régularité, l'ordre le plus parfaits; tout est à sa place : pas un cordage de trop, pas un qui ne soit nécessaire. Tiens, et moi qui ne disais rien du beaupré, fit Marcol; le *beaupré,* Tom, c'est ce mât qui s'avance presque horizontalement sur la proue du navire; on l'allonge quelque fois avec ce qu'on appelle le *bâton de foc.* Les voiles triangulaires que porte le beaupré se nomment *focs.*

Tom écoutait attentivement, — regardait exécuter chaque manœuvre du bâtiment sur lequel il se trouvait, s'efforçait de comprendre et se disait : « Il faudra bien que je devienne bon marin, moi aussi, comme le père Marcol. » Tom fut surtout très-surpris la première fois qu'il vit EN PANNE le navire sur lequel i était; il ne s'expliquait pas comment il se faisait qu'i fût presque tout à fait stationnaire, quoique le vent enflât ses voiles. Alors Marcol lui fit remarquer que le navire était placé de façon à recevoir le vent par le flanc, et que les voiles de l'avant et de l'arrière étaient orientées de manière à s'enfler les unes d'un côté, les autres de l'autre. — Ceci, ajouta Marcol, s'explique comment le navire, poussé en même temps des deux bouts, ne change pas de place.

Bref, dans ce premier voyage, les distractions et les sujets d'étonnements ne manquèrent pas à Tom.

Mais bien souvent aussi il ne pouvait s'empêcher de songer à Michel, qui voguait de son côté, et à Jeanne, sa petite sœur, restée au pays natal.

Dorion avait fort à faire aussi pour répondre aux questions de Michel, qui fut tout d'abord fort intrigué de savoir comment le navire pouvait suivre une certaine route, alors qu'on ne voyait que le ciel et l'eau, et rien qui indiquât le ch min à suivre. Dorion le mena alors vers la BOUSSOLE et lui montra la petite *aiguille aimantée* toujours tournée *vers le nord.*

— Donc, lui dit-il, nous savons parfaitement de quel côté nous allons e regardant quelle direction nous suivons par rapport à l'aiguille de la boussole, et comme nous voyons sur les cartes marines que de tels et tels côtés se trouvent tels et tels pays, nous savons très-bien vers quel endroit nous allons.

— Mais, répondit Michel, si on va plus vite qu'on ne croit, on pourrait se jeter la nuit sur des rochers qu'on supposerait éloignés encore.

— C'est vrai, mon petit; mais on mesure la vitesse de la marche du navire et l'on connaît l'espace qu'il parcourt à l'aide d'un petit instrument nommé LOCK.

— C'est tout simplement un morceau de bois autour duquel est roulée une corde mince mais très-longue et divisée par des nœuds qui se trouvent à distances égales. On jette le bois à la mer en retenant la corde légèrement et la laissant glisser dans la main à mesure que le navire s'éloigne du morceau de bois ; on compte les nœuds qui passent pendant un certain temps, et selon qu'il en passe plus ou moins on peut dire que le navire file six, sept, huit ou dix NŒUDS A L'HEURE ; c'est-à-dire qu'on calcule parfaitement sa vitesse et par suite le chemin qu'il fait dans une direction.

— Mais, fit Michel, les vents, les tempêtes, les orages, doivent empêcher souvent ces calculs-là.

— C'est vrai, mon ami ; aussi, pour retrouver sa route, a-t-on appris à reconnaître et à mesurer la position des astres et leur hauteur au-dessus de l'horizon : — on a pour cela des instruments.

— Père Dorion, disait une autre fois Michel, est-ce que la mer est partout également profonde ? les navires ont-ils toujours assez d'eau pour naviguer ?

— Non, mon petit, la mer a des profondeurs diverses, et aux environs des terres surtout, il y a des bancs de sable ou des rochers presque à fleur d'eau, qui feraient courir de grands dangers aux navires si l'on n'avait pas la SONDE, gros morceau de plomb attaché à une corde et qu'on laisse filer dans la mer jusqu'à ce qu'il touche le fond. Alors on regarde certaînes marques placées à distances égales sur la corde et qui indiquent quel nombre de *brasses* d'eau il y a sous le navire. La brasse, mon petit, c'est cinq pieds (1 m. 66) ; 120 brasses ou 690 pieds (200 mètres) font ce qu'on appelle une *encablure.* Il y a des endroits où la mer a plus de 2,500 brasses de profondeur, c'est-à-dire plus de 4,006 mètres.

Ainsi le temps passait. Tom et Michel, chacun de leur côté, s'initiaient aux connaissances du marin ; ils parcouraient les mers, voyaient successivement paraître et disparaître les îles des océans ; ils voyaient passer auprès d'eux des navires de toutes sortes, dont les pavillons suspendus à la poupe leur indiquaient la nationalité. Ils voyaient des pays nouveaux, des hommes basanés ou noirs, aux costumes étranges, aux langages inconnus. — Deux ans s'écoulèrent, et un beau jour la petite Jeanne, demeurée chez l'ouvrier Lambert en Bretagne, vit arriver un grand garçon qu'elle reconnut à peine et qui lui sauta au cou.

C'était Tom de retour avec maitre Marcol. Que de récits il lui fit de tout ce qu'il avait vu ! Pour comble de bonheur, quinze jours après, Dorion et Michel arrivèrent aussi, et le chien Dick aussi. — Ah ! ce fut une véritable fête. Que de choses curieuses l'on se racontait dans les soirées ! — L'un avait vu les tours de porcelaine de la Chine, et les JONQUES avec leurs voiles carrées tissées en natte de bambou ; — l'autre avait vu, sur les côtes de l'Amérique du Sud, des hommes à demi sauvages se hasarder sur la mer dans des PIROGUES ou canots creusés dans un tronc d'arbre ou formés de simples branches recouvertes de peaux de bêtes. — Bref, les deux frères étaient enchantés de l'existence de marin.

— Père Dorion, disait Michel, est-ce que je ne pourrais pas un jour avoir de belles épaulettes d'or, comme ces OFFICIERS qui sont à Brest sur les vaisseaux de l'État.

— Ça me paraît difficile, mon petit. — Le MATELOT reste matelot ; tout ce qu'il peut espérer, c'est de devenir *maître de manœuvre*, ou de *canonnage*, ou de *timonerie*, ou encore *maître voilier*, *maître charpentier*, *maître calfat;* et, après tout, mon petit, ne te plains pas, un bon matelot ça n'est pas ordinaire ; car c'est un homme qui, comme GABIER, doit savoir manier les voiles et les manœuvres et avoir toujours l'œil au large ; comme TIMONIER, il a, avec la barre du gouvernail, le sort du navire entre les mains; CALFAT, il veille à tout ce qui intéresse la sûreté du corps du navire, à ce qu'aucune fissure ne laisse pénétrer l'eau dans la cale ; à côté d'un canon il fait sa partie dans un combat comme le premier artilleur venu, et au besoin il n'est pas manchot pour se servir du fusil. Laissons les épaulettes à ceux qui étudient pour ça ; ils ont leur chemin à faire aussi, eux. D'abord ÉLÈVES, puis ASPIRANTS de deuxième et première classe, puis ENSEIGNES, puis LIEUTENANTS DE VAISSEAU, puis CAPITAINES DE CORVETTE, CAPITAINES DE VAISSEAU, CONTRE-AMIRAUX, VICE-AMIRAUX, AMIRAUX. — Voilà leurs étapes à eux. — Nous, ça ne nous regarde pas. — Soyons matelots, bons matelots, voilà tout.

— Dans tout ça, Dorion, reprit Marcol, tu ne dis rien des MOUSSES, ces pauvres petits qui, eux aussi, tout comme les matelots, les maîtres et les officiers, rendent bien des services à bord.

— C'est vrai, Marcol : ces pauvres enfants ont bien du mal, et on les traite pourtant bien durement quelquefois ; mais quels braves et courageux marins ils font plus tard !

Marcol, Dorion et leurs deux enfants adoptifs ne tardèrent pas à se rembarquer.

De la mer du Nord, où les DOGRES font la pêche du hareng et du maquereau et le cabotage des mers septentrionales d'Europe, ils passèrent dans la Manche, où naviguent les élégants YACHTS d'Angleterre et de Hollande, et les sloops légers, souvent chargés de contrebande. Puis ils vinrent dans l'Atlantique ; là, tout le long des côtes de France, de Nantes à la Rochelle, Bordeaux et Bayonne, le CHASSE-MARÉE pêche et transporte la sardine. Ils virent ensuite les grosses *caraques* du Portugal partant pour l'Inde, les *laous* de Cadix et les *caïques* espagnols armés d'un long canon. Enfin, ils entrèrent dans la Méditerranée, sillonnée de *brigantines*, de *chebecs*. de *balançoires*, de grandes *barques* et de TARTANES à voiles latines qui vont lestement des côtes de Sicile et d'Italie à celles d'Espagne et de France. Nos amis allèrent à Venise et virent glisser dans les mille canaux qui sillonnent cette ville les GONDOLES, dont la proue s'avance recourbée et la poupe se replie en l'air. Puis ils jetèrent l'ancre à Marseille, où affluent les navires et les richesses de toutes les parties du monde et d'où journellement les BATEAUX A VAPEUR s'éparpillent vers l'Italie, l'Espagne, l'Algérie, l'Égypte et la Turquie. Puis enfin nos amis revinrent encore vers la Bretagne et ils allèrent pendant les soirées s'asseoir auprès de Jeanne grandie et embellie, et lui raconter les merveilles de ce nouveau voyage.

Mais le marin s'impatiente à terre; il ne pense qu'à retourner sur les planches d'un navire; c'est une rude vie que celle du marin ; mais il s'y habitue et il l'aime ; il aime le *tangage* qui le balance de l'avant à l'arrière, le *roulis* qui le balance de droite à gauche ; — il aime la mer calme, la *brise*, qui fait crier gaiement au capitaine : Hors les perroquets ! hors les cacatois ! la mer orageuse, qui fait prendre des *ris* dans les voiles; et même les dangers de la tempête : tout lui va, pourvu qu'il soit sur la mer. Le danger lui plaît, il a l'air d'être fier de dire à la tempête : avec mon gouvernail, mes bons mâts et mes voiles, je te brave. Mais, hélas! la mer est souvent plus puissante que lui, et il se voit réduit à lui disputer un reste de vie sur les débris ballotés de son pauvre navire.

— Nos marins partirent donc encore. Jeanne avait beau pleurer chaque fois, — ils lui disaient : — Nous reviendrons, petite sœur, bientôt, bientôt.

C'était vraiment plaisir de les entendre tous quatre,

causant sur le PONT de leur navire, tout en faisant
leur QUART ou veillée, pendant les belles nuits d'été.
Marcol et Dorion avaient sans cesse à raconter un
nouvel épisode des combats livrés sur mer pendant
les guerres de l'Empire. — Ah! ah! disait Marcol, je
me rappelle que j'étais en 1813 sur le brick *l'Abeille;*
nous nous trouvions à la hauteur de Bastia, — tous
nos principaux officiers étaient malades et débarqués,
et nous n'avions pour nous commander que deux
élèves, deux aspirants de vingt ans; — voilà que nous
rencontrons le brick anglais l'*Alacrity.* — Nos deux
petits aspirants firent ouvrir le feu, ma foi, comme
de bons lurons. — C'était plaisir que d'entendre
leurs petites voix crier : Attention! canonniers!
— commencez le feu! — Alors nos canons se mirent
à cracher la mort par les *sabords.* Et ça a duré un bon
quart d'heure; le fer pleuvait grand train sur le bâtiment ennemi; enfin le brick anglais a *amené* son
pavillon pour annoncer qu'il se rendait; et le capitaine
est venu à notre bord pour rendre son épée. Vrai,
Marcol, je n'ai jamais rien vu de curieux comme la
colère de cet homme grand, fort et barbu, obligé de
remettre son épée à nos deux petits blancs-becs d'aspirants.

Nos amis s'en revinrent encore sains et saufs de ce
troisième voyage, et naviguèrent plusieurs jours de
conserve avec une escadre qui rentrait comme eux au
port de Brest. Cela donna à Marcol l'occasion d'expliquer à Tom et à son frère le système employé entre

vaisseaux pour correspondre de loin le jour avec des pavillons de toutes couleurs et qui ont des significations prévues, et la nuit au moyen de fanaux allumés et de fusées. Le PAVILLON EN BERNE, quand un navire est en pleine mer, indique qu'il a besoin de secours ; c'est aussi un signe de deuil quand, par exemple, le souverain est mort, ou que le navire a perdu son commandant. Le pavillon est en berne quand il est roulé en fuseau dans toute sa longueur.

— Là, maintenant, Tom, un peu la barre du gouvernail à tribord, et nous entrons à Brest. — Ah ça ! dit Michel, père Dorion, pourquoi appelle-t-on le *côté gauche* du navire le côté de BABORD, et le *côté droit* celui de TRIBORD.

— Voici, mon garçon ; — autrefois, à ce que m'a raconté mon père, on écrivait au milieu de la cloison qui terminait la batterie d'un vaisseau du côté de l'avant : *basterie* en vieux français. La première moitié du mot, *bas,* se trouvait du côté gauche, la seconde moitié, *terie* du côté droit ; alors on disait pour désigner l'un ou l'autre côté, l'un ou l'autre bord, le *bord bas* ou le *bord terie ;* d'où l'on a fait *bas-bord, tribord.*

— Ah ! bien, dit Marcol, je ne savais pas ça

Peu après, Jeanne serrait encore ses deux frères dans ses bras. — Ils restèrent quelque temps sans se remettre en mer, et quand il fut décidé que Tom et Michel entreprendraient leur quatrième voyage, ils ne purent trouver à s'embarquer sur le même navire, de sorte que, comme à leur premier départ, ils s'embarquèrent Marcol et Tom de leur côté, Dorian et Michel du leur, — le chien Dick ne les quittait pas.

— C'est drôle! dit Dorion à Marcol, j'ai comme un pressentiment que nous ne serons pas aussi heureux tte fois.

Ils partirent néanmoins à peu de jours de distance.

Le pressentiment de Dorion ne l'avait pas trompé. Ils essuyèrent une épouvantable tempête et faillirent échouer contre une île. On croyait tout sauve, lorsque le moment du danger passé, on s'aperçut que Michel avait disparu et avec lui le chien Dick. — Évidemment ils étaient tombés à la mer pendant la tempête.

Dorion de retour en Bretagne essaya pendant quelque temps de cacher ce malheur à Jeanne; mais il fallut bien l'avouer enfin. — Ce fut une douleur affreuse que celle de la pauvre Jeanne; · rien ne pouvait la consoler. On se disait : Si au moins Marcol arrivait avec Tom; Tom pourrait un peu adoucir la peine de sa sœur.

Marcol arriva; mais il arriva seul. — Tom était perdu aussi. — La pauvre fille ne put supporter ce second coup; elle devint folle.

Voici comment Tom avait disparu. Le navire avait un jour jeté l'ancre devant une île qui paraissait déserte, et où l'on espérait trouver de l'eau douce dont on avait besoin. Dans l'embarcation envoyée à terre Tom s'était placé sans que Marcol s'en aperçût. Arrivé à terre, Tom s'était un peu avancé dans l'île pendant que les autres matelots recueillaient de l'eau. Mais tout à coup le temps était devenu si mauvais qu'on avait dû retourner bien vite au navire pour s'éloigner de cette côte, et l'on n'avait plus songer à Tom, qui fut abandonné dans l'île. — La tempête dura plusieurs jours, et quand, quelque temps après, on put revenir pour chercher Tom. ce fut en vain ; on ne le trouva plus.

La pauvre Jeanne était donc folle ; — mais dans sa folie, elle disait tous les matins : — Tom et Michel viendront ce soir ; je vais faire ma toilette pour les attendre ! — C'était pitié que de la voir s'orner de fleurs pour recevoir ceux qui ne devaient plus revenir.

Un soir de novembre, elle était comme d'habitude parée, écoutant à la porte et disant : — Ils vont venir.

L'ouvrier Lambert, Marcol et Dorion la regardaient les yeux pleins de larmes.

Vers huit heures on entendit des pas se rapprocher de la porte : — Les voilà ! dit Jeanne souriant.

Les autres secouaient tristement la tête.

On frappa à la porte. Jeanne s'avança tranquillement en disant : — Ce sont eux ; je vais ouvrir.

Marcol la devança et ouvrit lui-même.

Qui entra ! ce fut bien en effet Tom et Michel, et ck lui-même, le pauvre chien.

Ce qui était arrivé le voici : Michel tombé à la mer tait sauvé avec l'aide de Dick dars l'île où, quelques jours après, Tom avait été lui-même abandonné et où les deux frères s'étaient bientôt rencontrés. Ils avaient trouvé des coquillages, des oiseaux et des fruits pour se nourrir pendant quelques jours, au bout desquels un navire passant les avait recueillis; ce qui expliquait pourquoi on n'avait trouvé personne quand on était venu chercher Tom.

Jeanne demeura dès lors guérie, tranquille et heureuse. Elle avait des moments où des hallucinations étranges paraissaient traverser son cerveau; mais une bonne caresse de Tom ou de Michel dissipait tout. — Aussi ils n'ont plus voyagé tous deux ensemble. Toujours l'un des deux reste auprès de sa sœur. Marcol et Dorion sont aujourd'hui bien vieux. Tom et Michel leur rendent les soins que les deux marins ont donnés à leur enfance. — Le pauvre chien Dick est mort.

LE CAPITAINE SATURNIN

L'ARMÉE FRANÇAISE

— Durand, mon vieux, je gagerais deux sacs de blé contre un picotin d'avoine que c'est faute de cavalerie que la bataille de Leipzig a été perdue.

C'était Michel Remy qui disait cela à Jean Durand, sur la place du village de Saint-André, un beau dimanche d'automne de l'année 1813. — Jean Durand était un ancien sergent d'infanterie; Michel Remy, un vieux dragon des armées de la République. — Les nouvelles de la guerre intéressaient tout le monde à cette époque, à cause du sentiment d'honneur national qui s'y rattachait, et parce que chaque famille avait une partie d'elle-même sur les champs de bataille.

Le matin même de ce dimanche-là on avait appris

à Saint-André la nouvelle de la bataille de Leipzig, en Saxe.

— Remy, répondit Durand, voilà encore votre manie de vouloir tout attribuer à la cavalerie dans une armée.

— Et vous, votre manie, Durand, est de vouloir que la cavalerie ne soit rien et que l'infanterie soit tout.

— Voyons, Remy, mon vieux camarade, reprit Durand, raisonnons un peu.

Un cercle s'était formé autour des deux vieux soldats, que l'on écoutait avec beaucoup d'attention.

— D'abord, continua Durand, il faut savoir qu'une armée complète se compose de cinq sortes de troupes; l'*infanterie*, la *cavalerie*, l'*artillerie*, le *génie* et les *équipages militaires*. Maintenant, Remy, vous ne pourrez nier ce que je vais dire; je l'ai entendu de la bouche même de l'Empereur, — et il s'y connaît, celui-là. — La cavalerie d'une armée doit être du cinquième de l'infanterie, l'artillerie du huitième, le génie du quarantième, et les équipages militaires. du trentième; c'est-à-dire que l'infanterie doit faire bien plus du double de tous les autres corps réunis ensemble; — donc, l'infanterie est le corps le plus important. — Mais laissez-moi vous dire, Remy, que je ne veux pas rabaisser pour cela le mérite de la cavalerie. — Je connais l'utilité de la CAVALERIE LÉGÈRE, (les HUSSARDS et les CHASSEURS) pour éclairer la marche d'une armée et reconnaître les embuscades, pour retarder la marche de l'ennemi en se faisant appuyer par la CAVALERIE DE LIGNE (les DRAGONS et les LANCIERS). Je sais ce que vaut au milieu du combat une bonne charge de dragons sur le flanc de l'infanterie ennemie. J'ai vu maintes fois l'effet que produit dans un moment décisif une charge de la CAVALERIE DE RÉSERVE (les CUIRASSIERS et les CARABINIERS), qui fait trembler au loin la terre sous le pied de ses énormes chevaux.

Ici un jeune garçon, d'environ quatorze ans, interrompit Durand. C'était Saturnin Nicol, orphelin depuis plusieurs années et qui était berger à Saint-André.

— Pourquoi, monsieur Durand, dit-il, y a-t-il diverses sortes de cavalerie ?

— Parce que, mon ami, selon les circonstances, il faut tantôt de la cavalerie prompte à se mouvoir, tantôt de la cavalerie plus solide pour résister, tantôt de la cavalerie très-lourde pour écraser l'ennemi. Aussi la différence des cavaleries est dans la taille et la force des chevaux, dans la taille et l'armement plus ou moins pesant des cavaliers. — Mais pour en revenir à ce que nous disions : — si j'ai rendu justice à la cavalerie, Remy, à votre tour, reconnaissez que, sans l'INFANTERIE, la cavalerie serait presque toujours impuissante. — Il faut de bons bataillons serrés pour former le corps de l'armée ; — ils sont là comme un mur de forteresse hérissé de baïonnettes et lançant une grêle de balles ; — allant à droite ou à gauche, au commandement, ou se formant en carré pour repousser la cavalerie. — C'est là qu'il faut admirer la puissance de la discipline et de l'organisation militaire. Une même pensée fait marcher chaque homme de tous ces régiments. — Le MARÉCHAL DE FRANCE, qui commande tout un corps d'armée, envoie ses OFFICIERS D'ÉTAT-MAJOR porter ses ordres aux GÉNÉRAUX DE DIVISION ; ceux-ci ont sous leurs ordres deux ou plusieurs GÉNÉRAUX DE BRIGADE (1), qui, chacun, ont deux ou trois régiments sous leur commandement ; — les généraux de brigade transmettent les ordres au COLONEL de chacun de leurs régiments ; le colonel, à son tour, les passe à ses trois CHEFS DE BATAILLON, et ceux-ci commandent aux CAPITAINES de leurs compagnies, qui, à leur tour, font marcher les soldats. — Alors tous obéissent en même temps, et de là vient cet admirable ensemble de manœuvres.

— Mais il me semble, interrompit Remy, que les manœuvres de la cavalerie sont aussi belles.

— Oui, reprit Durand, mais il est une foule de cas où l'infanterie seule est indispensable ; — ainsi, pour monter à l'assaut au milieu des ruines d'une brèche, pour occuper des marais et des bois, — ou des montagnes. — Ici, ce sont les bataillons de CHASSEURS A PIED que l'on envoie en tirailleurs.

(1) Les dénominations de général de division et général de brigade datent de la révolution de 1789. En 1815, elles furent changées en celles de lieutenant général et maréchal de camp. Elles ont été reprises depuis la révolution de février 1848.

— Souvent nous avons fait ce service-là, nous autres dragons, dit Remy.

— C'est parce que, Remy, les dragons sont exercés à combattre à pied comme à cheval, et sont armé d'un long fusil. Je sais qu'ils se sont couverts de gloire en Italie, en Égypte, en Espagne. Ce sont les cavaliers les plus utiles.

— Cela est vrai, fit Remy.

— Après tout, reprit Durand, donnons-nous la main, Remy, et reconnaissons que tous les corps de l'armée se valent et ont chacun leur utilité à la guerre :

— ou plutôt ne devrions-nous pas dire qu'ils ne valent rien ni les uns ni les autres, puisque tous ils ont pour but la destruction des hommes !

— Mais la gloire, Durand !

— La gloire, mon vieux Remy, c'est beau ; mais cette gloire-là est-elle bien indispensable pour être heureux ? Est-ce qu'il n'y aurait pas de la gloire aussi à élever tout pacifiquement ses enfants dans le bien pour en faire de laborieux artisans, d'honnêtes citoyens ? — Mais je t'entends, tu veux dire que ça n'est pas de notre temps, qu'il faut des soldats pour défendre la France ; — je le sais ; — aussi, j'ai donné mes deux fils, Marc et Paul, à mon pays... Si la mort les frappe, je serai fier de leur noble trépas... Mais crois-tu qu'au fond du cœur je n'aurai pas un gros soupir ? crois-tu que je pourrai m'empêcher de penser qu'ils auraient pu, joyeux et forts, adoucir les jours de ma vieillesse ?

— Moi qui suis orphelin, dit alors le jeune berger Saturnin, je puis être soldat sans faire de la peine à personne.

Oui, Saturnin, si la patrie a besoin de toi, tu seras soldat aussi, c'est ton devoir; — mais, crois-moi, on est encore plus utile à son pays par le travail, qui contribue à nous rendre tous plus heureux.

En ce moment passa avec sa mère une petite fille de six ans, qui s'écria en voyant Remy :

— Tiens ! grand-papa ! grand-papa !

— Me voilà, ma petite Juliette, dit le vieux dragon la prenant dans ses bras.

— Bonjour, Saturnin, bonjour ! cria alors l'enfant.

Juliette aimait beaucoup le jeune berger, qui la menait souvent avec lui dans les champs et lui taillait avec son couteau mille petits jouets en bois.

La mère de Juliette était la fille de Remy.

— Il est donc vrai, dit-elle à son père, qu'il y a encore eu une grande bataille en Allemagne

— Il paraît que oui, Clémence.

— Georges y était peut-être, mon père...; nous n'avons pas de ses nouvelles.

— Georges Montel était son mari, sergent du génie, qui était parti, lui aussi, pour la campagne de 1813, en Saxe. La pauvre Clémence ne put empêcher ses yeux de se mouiller de larmes, et elle s'éloigna serrant son enfant dans ses bras.

Les jours passaient cependant et amenaient de mauvaises nouvelles. L'armée française battait en retraite.

La trahison de tous ses alliés allemands l'obligeait de revenir vers nos frontières. On prévoyait l'invasion du sol français, et ces tristes appréhensions faisaient l'objet des conversations dans les longues veillées.

Presque toutes ses soirées, Jean Durand les passait chez Remy ; Saturnin Nicol était presque toujours là aussi, jouant avec Juliette. Clémence filait silencieusement en pensant à Georges.

Un soir, au milieu de la veillée, une lettre arriva pour Jean Durand.

— C'est de mon fils Marc l'artilleur, s'écria Durand, et, les yeux humides d'émotion, il ajouta :

— Voyons ce qu'il dit, ce brave enfant. C'est Strasbourg qu'il écrit.

Marc parlait des grandes batailles livrées ; il disait toutes les trahisons qui avaient changé nos victoires en désastres. « Leipzig ! écrivait-il, quelle fière bataille ! trois jours nos canons ont tonné ! ils ont tiré cent cinquante mille coups ! »

— Que ce devait être beau ! s'écria Remy.

— Bien triste ! mon père, reprit doucement Clémence ; il a dû mourir bien du monde !

— Ecoutez ceci, Remy, poursuivit Durand pour couper court à cette émotion : « Si bien que le train des parcs d'artillerie a vidé tous ses caissons de munitions, et, n'en ayant plus, nous avons dû reculer vers nos magasins. » — Ainsi, Rémy, vous voyez que ce n'est pas la cavalerie qui a manqué à Leipzig. — En campagne, c'est un des services les plus importánts que celui des ÉQUIPAGES MILITAIRES chargés d'approvision er tous les corps, des vivres et des munitions dont ils ont besoin. Les *intendants militaire* qui dirigent ce corps doivent être des hommes for expérimentés et fort habiles, car le résultat des batailles peut dépendre d'eux. Le soldat se bat bien mieux, il a bien plus de confiance en lui-même quand il sent sa giberne bien garnie de cartouches et qu'il ne souffre pas la faim.

Puis Durand continua la lettre de Marc, qui parlait de son frère aîné Paul, qu'il n'avait pas vu depuis près de trois mois. « J'ai vu encore à Dresde quelqu'un de notre village, disait-il, le sergent du génie Georges Montel. »

— Georges ! s'écria Clémence.

— Papa ! dit Juliette.

— Mais Marc ne disait rien de plus sur le mari de Clémence. En finissant, Marc parlait des armées étrangères qui se pressaient sur les bords du Rhin et allaient faire irruption en France ; ce qu'il était impossible d'empêcher.

Alors Durand laissa tristement tomber le bras qui tenait la lettre en disant : — Eh bien ! mon vieux camarade, voilà où aboutissent vingt ans de victoires ! Que nous en revient-il ? — Nous allons peut-être payer bien cher notre gloire. — Chacun aura souffert à son tour... Qui donc aura gagné quelque chose à tant de guerres ?

Les tristes prévisions de Durand ne devaient que

trop s'accomplir. A la fin de décembre, on apprit que, de tous côtés, les Autrichiens, les Prussiens et les Russes envahissaient la France.

Durant eut cependant un instant de grande joie. Un matin, on frappa à sa porte, et, en ouvrant, il se trouva en face d'un bel officier. Cet officier, c'était le capitaine Paul Durand, son fils ; — oui, CAPITAINE et décoré de la croix d'honneur.

En voyant cette croix sur la poitrine de son fils, le vieux Durand se découvrit respectueusement la tête ; mais presque aussitôt une grosse larme coula de ses yeux ; — il venait de voir en même temps que son fils n'avait plus qu'un bras.

— Dame! mon bon père, lui dit Paul avec un sourire de consolation, quand on a ça, — il montrait la croix, — c'est qu'il a fallu le gagner. Il montrait la manche vide et pendante de sa capote.

Le capitaine Paul eut un merveilleux accueil au village. C'était à qui pourrait entendre les récits de ses campagnes dans les soirées. Mais nul n'était plus attentif que Saturnin quand le capitaine racontait comme quoi il avait conquis tous ses grades et la croix d'honneur.

Une seule personne soupira dans Saint-André à 'arrivée du capitaine ; ce fut Clémence, qui se dit :

— Georges Montel ne revient pas, lui.

Vint la fin de janvier 1814 ; — l'ennemi avançait précisément vers le département de l'Aube, où se trouvait Saint-André. Les hommes pensaient à leurs campagnes qui allaient être dévastées, les femmes serraient leurs enfants dans leurs bras. — On interrogeait les voyageurs. Quand le vent soufflait, on écoutait, on croyait entendre le canon.

C'est que les batailles acharnées se succédaient et remplirent les mois de février et de mars. — Brienne, Champaubert, Montmirail. Vauxchamps, Montereau, Craonne.

— Retenons ces noms, disait Durand, ils sont la vraie gloire du soldat qui a combattu là pour ses foyers, pour sa patrie. — Nulle campagne à l'étranger n'est plus belle pour l'Empereur.

Et il avait raison, Durand. — Cependant, au milieu de mars, les arbres se couvraient de fleurs; — nul n'y faisait attention; mais Dieu, qui pense à tout, n'oublie jamais de faire pousser les plantes au printemps.

Enfin Saint-André, tout près d'Arcis-sur-Aube, devait être lui-même le théâtre d'une terrible bataille.

Le 17 mars, des officiers vinrent étudier le terrain, puis arrivèrent les soldats du GÉNIE, avec pioches, pelles, haches et fascines. On rompit certaines routes que l'on barricada avec des arbres abattus. — Tous les hommes, jeunes et vieux, de Saint-André, s'adjoignirent avec enthousiasme aux soldats; les femmes et les enfants se mirent en sûreté à Arcis-sur-Aube.

Durand, Remy, le capitaine Paul et Saturnin ne se quittaient pas. Ils travaillaient ensemble.

— Eh bien, Durand, disait Remy, qui nous aurait dit que nous combattrions encore côte à côte?

— J'espère bien que nom, mon père, s'écria Paul.

Le 19 mars au soir, les travaux étaient terminés. Il était temps : l'ennemi couvrait la campagne. — Pendant la nuit, nos amis se reposèrent. — Enfin, le soleil du 20 mars brilla. — Alors commença la terrible bataille d'Arcis-sur-Aube.

— Le héros des batailles, sais-tu qui c'est ? disait Durand à Saturnin c'est le CHIRURGIEN MILITAIRE, le seul qui alors apporte un peu de soulagement aux maux que font tous les autres ; — il est là, impassible, accomplissant sa mission d'humanité, au milieu de laquelle la mort vient souvent le frapper lui-même.

L'action se rapprochait de Saint-André, et l'ennemi se présentait toujours plus nombreux. Le combat devenait terrible ; une grêle de balles assaillait la batterie auprès de laquelle se tenaient nos amis. Les artilleurs tombaient morts sur leurs pièces. Remy, Saturnin, Durand et son fils s'élancèrent pour les remplacer ;

— mais presque aussitôt Remy chancela et tomba lui-même auprès de Saturnin, la poitrine percée d'une balle. Saturnin voulut le relever.

— Non, mon garçon, lui dit-il, c'est inutile, je sens que tout est fini pour moi... mais Clémence... Juliette... elles sont au village... va... emmène-les... car les Russes viennent.

Saturnin, sanglotant, courut chez Clémence. — Il entre : personne ; — il appelle : personne ; — il cherche partout : personne. — Ni Clémence, ni Juliette.

Désespéré, il retourna alors auprès de Remy. —

Remy était mort. — Durand était auprès de lui, mort aussi. — Éperdu de douleur, Saturnin tomba évanoui...

Reportons-nous à vingt-quatre ans plus tard, en 1838. — Les armées françaises occupaient déjà, depuis huit ans, l'Algérie.

Un jour, un corps de troupes arriva sur les ruines d'une ancienne ville romaine, au bord de la mer. Les mousses et les plantes grimpantes tapissaient les débris de murs restés debout et les énormes pierres éparses çà et là, sur le sol, au milieu des palmiers et des cactus. Depuis nombre de siècles, les animaux sauvages et les bergers arabes, errants avec leurs troupeaux, troublaient seuls le silence de cette solitude. L'armée française arriva. — On avait résolu de relever la ville ruinée, de rappeler le mouvement, le commerce et la vie sur cette plage abandonnée. La nouvelle cité devait s'appeler Philippeville.

Le génie dressa les plans. Les soldats mirent de côté les fusils et toutes les armes meurtrières. On prit la pioche, la hache, le marteau et la truelle. Les vieilles pierres noircies de l'antique ville furent soulevées et taillées, les palmiers abattus ; — des rues furent tracées et des maisons s'élevèrent.

Fantassins et cavaliers mettaient, en chantant, la main à l'œuvre, — tous ces soldats, habitués à détruire, acceptaient gaiement la mission féconde qui leur était donnée.

Il y avait là tous les pittoresques uniformes de notre armée d'Algérie ; — le CHASSEUR D'AFRIQUE, dont le képi rouge et la tunique bleu de ciel étaient la terreur de l'Arabe ennemi ; — le SPAHIS, dont les rapides escadrons réunissent l'Arabe ami et le Français ; — le ZOUAVE, au costume turc, qui forme d'intrépides bataillons où le musulman et le chrétien combattent et meurent ensemble ; — enfin, le cavalier des tribus arabes alliées, avec son burnous blanc et son long fusil.

Un vieux chef de bataillon du GÉNIE dirigeait les traveaux. — C'était un homme grave et dont la figure portait l'empreinte d'une tristesse profonde. Un matin, il était assis sur une grosse pierre, à côté d'un capitaine d'infanterie de ligne arrivé la veille seulement.

— Mon commandant, dit le capitaine, il vous arrive rarement de faire des travaux de ce genre.

— C'est vrai, capitaine, dans le métier de soldat, on détruit plus qu'on ne bâtit, si ce n'est des fortifications.

— Eh bien, commandant, reprit le capitaine, je suis sûr qu'il vous est agréable d'attacher votre nom à cette œuvre de civilisation, — et que vous serez fier d'avoir jeté les fondations d'une ville qui peut-être un jour sera une grande et belle cité ; — et, dans la suite, vos enfants eux-mêmes en seront glorieux, — et avec raison.

— Mes enfants, fit le chef de bataillon avec un triste sourire, je n'en ai pas.

— Pardon, mon commandant, reprit le capitaine,

Il paraît que, sans le vouloir, mes paroles vous ont péniblement impressionné.

— C'est vrai, capitaine, je l'avoue... J'avais une femme et une enfant : j'ignore leur sort et l'ignorerai sans doute toujours.

Alors le vieux chef de bataillon laissa tomber sa tête sur sa main, et, se parlant à lui-même, il dit douloureusement :

— Pauvre Clémence ! pauvre Juliette ! où êtes-vous ?

En entendant ces deux noms, le capitaine bondit, et, saisissant le bras du chef de bataillon :

— Mon commandant, dit-il, vous avez dit Clémence !.., vous avez dit Juliette !

— Oui, eh bien, capitaine ?

— N'êtes-vous pas de Saint-André, près d'Arcis-sur-Aube ?

— Oui, capitaine.

— N'êtes-vous pas Georges Montel, mon commandant ?

— Oui.

— Le mari de Clémence Remy, sergent du génie en 1813, et le père de Juliette ?

— Oui, oui, capitaine, expliquez-vous, au nom du ciel... Vous connaissez ma femme et mon enfant ?

Le capitaine c'était Saturnin Nicol, que nous connaissons, le jeune berger de 1814. Il se fit connaître à Georges Montel, qui l'écoutait, pâle d'émotion et lui serrant la main. Il lui raconta la bataille d'Arcis-sur-Aube ! la mort glorieuse de Remy et la disparition de

Clémence et de Juliette. — Georges, qui, un moment, avait pensé pouvoir retrouver sa femme et son enfant, baissa tristement la tête quand Saturnin eut fini de parler.

— Moi, dit-il ensuite, j'ai été fait prisonnier à Dresde en novembre, je crois, de 1813. Emmené en Russie, j'y suis demeuré dix ans sans pouvoir me sauver. Quand j'ai pu enfin retourner en France, je n'ai plus trouvé de traces de ma femme et de mon enfant à Saint-André ; — nul n'a pu me dire ce qu'ils étaient devenus depuis la mort du père Remy. — Je suis rentré dans l'armée alors, et me voilà aujourd'hui chef de bataillon. La mort n'a pas voulu de moi ; elle m'a évité dans toutes les batailles, et les honneurs militaires me sont venus sans que je les aie cherchés.

Dès ce moment, le commandant Georges Montel et le capitaine Saturnin Nicol devinrent des amis inséparables. Ils causaient ensemble de Clémence et de Juliette.

Cependant, la même année, le régiment de Saturnin reçut ordre de rentrer en France et vint à Paris. La séparation fut pénible pour les deux amis. Ils s'écrivaient souvent.

Un jour, Georges reçut une lettre où Saturnin lui disait : « Mon cher commandant, arrivez vite ; — il le « faut absolument. Venez me trouver à Paris. Deman- « dez un congé pour une affaire de famille bien im- « portante ; nulle, en effet, ne saurait plus toucher

« votre cœur que celle qui vous appelle. Je ne puis,
« pour le moment, vous en dire davantage. — Je
« vous attends. »

— Affaire de famille ! se dit Georges en lisant, je
n'ai cependant plus de famille, moi !

Mais un vague espoir illumina son cœur. Il partit
dans un trouble et une perplexité indicibles.

Voici ce qui était arrivé. — La compagnie du capitaine Saturnin avait été requise un jour pour se porter sur le théâtre d'un incendie. Une vaste maison
d'un des quartiers les plus populeux de Paris était la
proie des flammes.

Les pompes du bataillon des SAPEURS-POMPIERS de
Paris étaient arrivées et jetaient de l'eau à profusion.
Les pompiers, sur les toits, s'efforçaient d'arracher au
feu, par les mansardes, les personnes qui n'avaient pu
se sauver par les autres issues. Rien n'est admirable
comme le dévouement et le sang-froid que ces intrépides soldats mettent au service de l'humanité. C'est
vraiment l'une des plus nobles et des plus utiles applications du courage de nos braves soldats.

Tout d'un coup on apprit qu'une femme se trouvait
encore enfermée dans une chambre que le feu allait
atteindre ; mais ce n'était qu'en bravant les plus grands
périls qu'on pouvait atteindre la fenêtre de cette
chambre pour sauver la malheureuse qui s'y trouvait.—
Plusieurs pompiers essayèrent et ne purent y parve-
nir. Cependant les cris de cette femme arrivèrent jusqu'à Saturnin, qui n'y tint pas, se dépouilla de sor

forme, se fit attacher avec des cordes, et, au péril
sa vie, sauva celle qui courait un danger si grand.

Celle-ci, une fois en sûreté et remise de sa terreur,
voulut voir son sauveur pour le remercier. Il vint, et
la physionomie de celle qu'il vit devant lui le frappa
soudain. Elle pouvait avoir une trentaine d'années ;
Saturnin crut retrouver en elle une image qui, depuis
longtemps, était gravée dans son souvenir et rappe-
lait celle de Clémence Montel. Il pria cette jeune femme
de lui dire son nom,

— Juliette Montel, dit-elle.

C'était bien elle, la petite fille de Michel Remy. Saturnin Nicol se nomma, rappela à Juliette les jeux de
son enfance à Saint-André, et le pauvre petit berger
avec lequel elle allait sur les collines du pays.

Et alors Juliette bénit doublement le ciel de l'avoir
sauvée et de l'avoir sauvée par les mains de l'ami de
son enfance.

— Mais, dit Saturnin, il y en a un autre, mademoiselle Juliette, que vous serez encore bien plus heureuse de revoir.

— Qui donc ? fit Juliette.

— Votre père !

C'est alors que Saturnin avait écrit à Georges Montel d'arriver sans retard. — Georges arriva bientôt
en effet, et le père et la fille furent bien vite dans les
bras l'un de l'autre. Le vieux chef de bataillon faillit
en mourir de joie. — En deux mots Juliette raconta
sa vie.

Au moment de la bataille, Clémence, sa pauvre mère, était devenue folle, et dans son délire, s'était noyée lans l'Aube. Juliette, recueillie pendant quelques jours à Arcis, avait ensuite été envoyée à une parente de sa mère à Paris. Cette bonne parente l'avait élevée comme son enfant, mais elle était morte il y avait un an. Depuis lors, Juliette travaillait pour gagner sa vie, — lorsque l'incendie avait eu lieu.

Six mois après, savez-vous ce qui arriva ? — C'est que le capitaine Saturnin Nicol épousa Juliette.

Savez-vous ce qu'il advint encore ? — C'est qu'ils eurent un petit garçon, le plus joli enfant du monde. Du moins c'était ce que disait régulièrement tous les jours le vieux chef de bataillon. — Et bien des gens étaient de son avis.

Mais il arriva autre chose encore quand Clément eut huit ans à peu près ; — car ce joli enfant fut appelé Clément du nom de la pauvre Clémence, sa grand'-mère.

Un jour, il y avait eu une grande revue au Champ de Mars, et les troupes s'en revenaient à travers l'esplanade qui s'étend devant L'HÔTEL DES INVALIDES, ce majestueux asile du vieux soldat mutilé en combattant pour son pays. — Sous les arbres de l'esplanade, Clément se promenait avec sa mère. — Au bruit des tambours, il s'avança en courant pour voir défiler les troupes. — Deux vieux invalides se trouvaient arrêtés auprès de lui. L'un avait une jambe de bois et l'autre un bras de moins.

Au moment où les SAPEURS du régiment passaient devant eux, l'un des invalides s'adressa à Clément :

— N'est-ce pas, mon petit bonhomme, que c'est beau un régiment qui défile avec sapeurs, TAMBOURS et MUSIQUE en tête ? Tiens, voilà le COLONEL du régiment ; il est à cheval derrière la musique. Tu vois ses deux belles épaulettes d'or à grosses torsades et son aigrette blanche au shako ?

— Oui, monsieur, fit Clément ; mais il y en a d'autres à cheval à côté de lui.

— Oui, mon ami. C'est le LIEUTENANT-COLONEL et le MAJOR. — Le major n'a qu'une épaulette à grosses torsades sur l'épaulette droite, et cela parce que son grade est au-dessous de celui du colonel et du lieutenant-colonel. Ce dernier même, pour qu'on le distingue du colonel, a le dessus de ses épaulettes en argent. L'inverse a lieu dans les troupes où le corps d'officiers a les épaulettes en argent ; c'est-à-dire qu'alors le dessus de son épaulette est en or. — Maintenant, derrière eux, et encore à cheval, voilà le CHEF DU 1er BATAILLON, avec une seule épaulette à grosses torsades comme le major ; seulement il la porte sur l'épaulé gauche. — Tu vois la différence, mon petit ami. — Maintenant, voici les huit compagnies du 1er bataillon avec les grenadiers en tête et les voltigeurs derrière. Chaque compagnie a son CAPITAINE, son LIEUTENANT et son SOUS-LIEUTENANT. Tu vois, mon petit, on reconnaît encore ces officiers à leurs épaulettes d'or : mais elles ne sont plus à grosses torsades, elles sont à franges. Le capitaine en a deux, le lieutenant une seulement sur l'épaule gauche, le sous-lieutenant une seule aussi sur l'épaule droite. — Après ces officiers viennent les sous-officiers dans chaque compagnie ; ce sont le SERGENT-MAJOR, le SERGENT-FOURRIER, ou pourvoyeur de la compagnie, et les SERGENTS. — Au-dessous des sous-officiers, il n'y a plus qu'un grade ; — c'est le plus humble, celui de CAPORAL.

Clément écoutait avec beaucoup d'attention, et le vieil invalide lui montrait, au fur et à mesure que les soldats passaient, ceux qui portaient les marques des divers grades.

— A présent, mon petit ami, voici le 2ᵉ bataillon du régiment, avec son chef de bataillon à cheval en tête. Au milieu de ce bataillon, tu vois le drapeau, c'est un vieux sergent qui le porte.

— Que veut dire le galon d'or pointu qu'il a au haut du bras ? demanda Clément.

— Ceci, mon ami, c'est un galon qui a la forme d'un V renversé et qu'on appelle *chevron*. — Cela indique que ce soldat a un certain nombre d'années de service militaire ; plus tard, s'il reste encore soldat, il ajoutera encore un chevron, puis un autre...

— Merci, monsieur, je ne savais pas cela.

— Maintenant, mon ami, voici le 3ᵉ et dernier bataillon du régiment, toujours avec son chef à cheval devant la compagnie de grenadiers.

— Mais, monsieur, pourquoi les soldats d'un bataillon ne sont-ils pas là tous semblables ? — Pourquoi y a-t-il des GRENADIERS et des VOLTIGEURS?

— Ce sont là ce qu'on appelle les deux COMPAGNIES D'ÉLITE : — parce qu'elles sont composées de soldats choisis parmi ceux qui ont déjà un certain temps de service, qui sont les mieux instruits. — C'est un honneur d'être dans ces compagnies. — Parmi ceux-là, on prend les plus grands pour les grenadiers, les plus petits pour les voltigeurs. — Dis donc, Marc, ajouta alors l'invalide en se tournant vers son camarade qui n'avait qu'une jambe, je viens de faire un cours complet de hiérarchie militaire à ce petit bonhomme, qui paraît fort intelligent, ma foi.

— Tu as oublié l'ADJUDANT SOUS-OFFICIER, Paul, dit l'autre.

— C'est ma foi vrai, reprit le premier invalide ; mon petit ami, l'adjudant sous-officier est le grade intermédiaire entre les sous-officiers et les officiers. — Il n'y en a qu'un par bataillon, et il a à peu près la tenue du sous-lieutenant, avec cette différence que, quand celui-ci a l'épaulette d'or, l'adjudant sous-officier l'a en argent et coupée au-dessus dans toute sa longueur par un étroit cordon de laine rouge. — Dans les chasseurs à pied, où les officiers ont les épaulettes d'argent, alors l'adjudant sous-officier l'a en or, mais la patte avec le cordon rouge. Et au-dessus de tout cela, colonel, officiers supérieurs, officiers, sous-officiers, il y a les maréchaux de France qui portent des épaulettes en or à graines d'épinard avec deux bâtons en croix sur la patte de l'épaulette, puis les généraux de division, de brigade qui ont aussi des épaulettes à gr ines d'épinard avec trois étoiles sur la patte, pour les premiers, et deux seulement pour les seconds. — Tu comprends, n'est-ce pas? Eh bien, mon petit ami, à la façon dont tu écoutes tout cela, je gage que tu as des soldats dans ta famille.

— Oui, monsieur, mon papa est capitaine et mon grand-papa chef de bataillon du génie.

— Bravo! ça se voit dans tes yeux, mon petit, s'écria l'invalide.

— Et tu oublies le papa de ta grand'maman, Clément, lui dit Juliette qui était derrière lui.

Les deux invalides se retournèrent et saluèrent madame Saturnin Nicol en lui disant qu'elle avait un charmant enfant.

— Ah! oui, maman, reprit Clément, tu veux dire mon grand-papa Michel Remy, le dragon.

— Michel Remy! s'écrièrent à la fois les deux invalides en élevant avec étonnement leurs béquilles en l'air.

En un instant, tout s'expliqua. — Les deux invalides n'étaient autres que le capitaine Paul et l'artilleur Marc, fils de Jean Durand, mort à la bataille d'Arcis-sur-Aube; — et l'on peut croire qu'ils embrassèrent de bon cœur le petit Clément et demandèrent à aller tout de suite voir le chef de bataillon Georges Montel et le capitaine Saturnin Nicol.

Et ces quatre vieux soldats, en se trouvant réunis, — oui, vraiment, — pleurèrent de joie, et toutes les fois qu'ils pouvaient être ensemble... ils n'y manquèrent jamais depuis lors.

Un soir qu'ils étaient tous chez Saturnin Niçol, Paul Durand s'écria en montrant Clément :

— Ah çà! Saturnin, qu'est-ce que vous ferez de ce petit gaillard-là ? — Il faut le faire entrer à l'*école de Saint-Cyr*, d'où il sortira sous-lieutenant.

— Ou à l'*école Polytechnique*, pour en faire un officier du génie ou d'artillerie, dit le grand-père Georges.

— Moi, dit Juliette, en donnant un bon baiser sur le front de son fils, je suis d'avis qu'il ne soit pas soldat, qu'il apprenne un bon état et fasse un laborieux et honnête ouvrier qui, au lieu de faire du tort à n'importe qui avec ses armes, se rende utile à tous par son travail.

— Mais, dit Clément, il faut des soldats cependant pour arrêter les voleurs et ceux qui assassinent.

— Ceci regarde les GENDARMES ou la garde de Paris, mon enfant, dit Paul ; aussi, si l'on supprimait la guerre et par suite l'armée, la gendarmerie et la garde de Paris seraient toujours maintenues pour la tranquillité publique, et chaque chef-lieu de canton continuerait à avoir sa brigade. — C'est un corps parfaitement organisé et qui rend de grands services ; mais, mon ami, ce n'est pas là que je voudrais te voir.

— Eh bien, dit Saturnin qui avait réfléchi un moment, à tout prendre, Juliette n'a peut-être pas tort, et je suis assez de son avis.

— Heu ! heu ! fit Paul.

— Hum ! hum ! fit Marc.

— Ma foi, oui, dit le grand-papa Georges à son tour, mon petit Clément gagnera tout simplement sa vie en travaillant.

— Mais, reprit Saturnin, si jamais la patrie était en danger, mon fils saura combattre et mourir pour elle.

— Comme Jean Durand et Michel Remy à Arcis-sur-Aube, dit le capitaine Paul en se dressant et se découvrant la tête ; ce que chacun fit aussi.

— Oui, oui, s'écria l'enfant.

— A la bonne heure ! dit tout le monde, même Liette.

UNE VEILLÉE DANS LA MONTAGNE

Où il est question d'un animal qui vaut mieux que sa réputation

Ce soir-là, un soir de décembre, il y avait bien vingt-cinq personnes dans l'étable à maître Guillou. Il y avait d'abord le père Guillou et ses deux fils, grands gaillards de vingt-cinq à trente ans, et leur sœur Jeannette, qui était devenue la ménagère de la maison depuis la mort de la mère Guillou. Et puis c'étaient M. le curé, le maître d'école de la commune, Sept à huit autres grandes personnes et une douzaine d'enfants : bref, une charmante réunion.

S'ils étaient réunis dans l'étable à maître Guillou sous ces gens-là, c'était tout simplement pour y dîner et y passer la soirée plus chaudement ; car, dans ce pays de montagnes, la partie des Alpes françaises la plus voisine de la Savoie, il y a très-peu de bois pour se chauffer l'hiver. Alors **on** se rassemble le soir dans les étables et l'on y profite de la chaleur qu'y répandent les animaux.

Rien n'était pittoresque et joyeux comme l'étable à maître Guillou ce soir-là. C'était un bâtiment allongé, aux murs noircis par le temps, aux grandes poutres raboteuses ; le sol, c'était purement et simplement la terre avec des pierres par-ci, par-là, et de petits creux qui faisaient cahoter les chaises, les escabelles et les bancs quand on s'asseyait dessus. D'un autre côté, on voyait une trentaine de moutons et de chèvres bien serrés les uns contre les autres et emprisonnés par des claies mises en travers ; à l'autre bout, deux mulets et un âne étaient attachés au râtelier derrière une barrière de bois ; l'espace vide au milieu servait de salle à manger et tous les convives y étaient rangés autour d'une grande table. Trois petites lampes fumeuses, suspendues par des fils de fer aux poutres du plafond, éclairaient seules tout ce tableau.

Mais nous allions oublier de dire pourquoi il y avait tant de monde à la table de la famille Guillou : c'était parce qu'on avait tué le cochon quelques jours auparavant ; et c'était l'usage : chaque année, à cette occasion, on réunissait les amis, on dînait ensemble et on s'amusait toute la soirée. Enfin c'était la veillée du cochon.

— La table est prête ! s'écria maître Guillou, chacun est-il à sa place ?

— Oui.

— C'est bon ! chacun a-t-il sa fourchette, son couteau et son verre ?

— Oui.

— Très-bien ! Maintenant, Jeannette peut venir avec les saucisses et les boudins. Ah ! c'est qu'il faut manger ça très-chaud.

Et on entendit un petit cliquetis de fourchettes impatientes sur les assiettes.

Bientôt un murmure de satisfaction se fit entendre, et une odeur des plus appétissantes se répandit dans l'étable ; Jeannette entrait apportant un plat énorme où fumaient les saucisses et les boudins brûlants.

— La neige tombe de plus en plus épaisse, dit Jeannette posant le plat sur la table.

— Elle commençait déjà quand nous sommes venus, ajouta le curé : Je crois qu'il nous faudra passer la nuit chez vous, maître Guillou ; il nous sera impossible de regagner le village avant demain.

— Eh bien, vous resterez tous, monsieur le curé, répondit maître Guillou. A votre service !

— Tout ce que nous pouvons demander, reprit le curé, c'est qu'il n'y ait personne dehors à cette heure au milieu des ravins de nos montagnes, et que chacun dans son étable puisse ce soir avoir le cœur aussi content que nous.

— Excellente prière pour commencer notre soirée ! dit le maître d'école.

Cependant maître Guillou s'était emparé du grand plat, et, en servant chacun, il tenait conversation.

— Ah ! ah ! nous allons donc goûter notre cochon de cette année ; m'est avis qu'il doit être bon ; vous ne vous douteriez pas de son poids, monsieur Renaud (c'était le maître d'école), eh bien ! notre cochon pesait cinq cent quarante livres (270 kilogr.).

— Superbe ! s'écria chacun.

— C'est soixante livres (30 kilogr.) de plus que ne pesait celui de l'année dernière ; mais ça ne sera pas perdu : les pauvres auront plus grosse part.

— Merci pour eux, maître Guillou, dit le curé.

— Oh ! il n'y a pas grand mérite à ça, monsieur le curé ; faire plaisir aux autres, c'est s'en faire à soi-même. Je sais combien a de prix un peu de saindoux et un peu de lard dans un pauvre ménage. Ça assaisonne joliment la soupe. Le cochon, voyez-vous, est un bienfaiteur pour les gens des campagnes. D'autant plus qu'il est facile à nourrir ; il mange tout, les fourrages verts, les racines, les glands et tous les fruits mauvais, les grains, le son, les eaux grasses et *mille choses qui seraient perdues sans lui;* et il change tout ça en bon lard, en bonne graisse, en petit salé ; et sa chair se conserve très-bien et longtemps.

— Mais c'est bien sale, un cochon, s'écria une petite fille.

— Sale, parce qu'on a l'habitude de le laisser sale, ma petite, répondit maître Guillou, mais je te dirai, moi, que le cochon aime bien la litière fraîche, et du bon air et de l'eau claire pour s'y laver souvent; et on ne saurait croire combien on gagne à le bien soi-

gner. Du reste, ce fumier qu'on enlève à pleines brouet-
tées des étables est un excellent engrais pour les
terres.

— Une chose à remarquer encore, fit le maître d'é-
cole, c'est la fécondité de cet animal si utile aux pauvres gens : les truies ont jusqu'à quinze petits et toujours au moins huit ou dix, et cela même deux fois
par an.

— Il est admirable, fit observer le curé, de voir la
sollicitude infinie qni a présidé à la création de toute
chose sur la terre. On ne peut rien examiner sans arriver forcément à se dire : Dieu est bon ! très-bon !

En ce moment on apporta sur la table un plat superbe de filet de cochon entouré de belles pommes de
terre fumantes ; on y mit encore deux autres plats, un
de chaque côté. Les enfants demandèrent ce qu'il y
avait dedans.

— Ici, c'est du fromage de cochon, dit maitre Guillou.

—Du fromage de cochon ! avec quoi est-ce donc fait ?

— Avec la tête du cochon quand on en a enlevé les
os, mon enfant, reprit maître Guillou. Dans ce plat, il
y a ce qui nous reste des *jambons* de l'année dernière.
Ceux de cette année trempent en ce moment dans une
bonne sauce d'eau et de vin bien salée, avec des brins
de thym, de laurier, de genièvre, et dans une quinzaine de jours, nous les pendrons sous le manteau de
la grande cheminée pour qu'ils se fument. Et après
ça, on les tirera de là les jours de fête, et quand un

ami viendra nous voir, ou bien quand un étranger trouvera l'hospitalité à notre table. Le jambon est la grande ressource alors.

Mais tout à coup chacun se tut et prêta l'oreille, immobile. On venait d'entendre les aboiements lointains d'un chien. Un moment après on les entendit de nouveau ; ils étaient plaintifs et semblaient appeler du secours. Évidemment quelqu'un s'était perdu dans les montagnes, et, par le temps qu'il faisait, dans la nuit, il devait courir de grands dangers.

A cette pensée, maître Guillou et les jeunes gens se levèrent brusquement de table.

— Allons, mes gars, vite, prenez vos bâtons ferrés et allumez vos lanternes. Il y a quelqu'un là-bas qui a besoin de nous. Jeannette donne-moi le flacon à eau-de-vie. C'est bien ! partons vite.

— Que Dieu vous assiste ! dit le curé joignant les mains.

Cependant, chacun était inquiet dans l'étable. On écoutait en silence les hurlements du chien qui retentissaient à intervalles. Tantôt les uns, tantôt les autres allaient à la porte pour regarder au dehors ; et l'on rentrait hochant la tête et disant : Rien encore ; et la neige tombe toujours d'une manière effrayante !... Pourvu que maître Guillou soit arrivé à temps !

Enfin on entendit des bruits de voix ; puis on entrevit des lanternes qui se rapprochaient.

— Les voilà ! cria tout le monde en se précipitant vers la porte.

En effet, ceux qui étaient partis rentrèrent en secouant la neige qui les couvrait. Ils ramenaient avec eux deux personnes, puis un cheval et le chien dont on avait entendu les aboiements. Ces deux personnes étaient un monsieur qui pouvait avoir quarante ans et un homme du pays qu'il avait pris pour guide dans les environs.

Il expliqua comme quoi un accident survenu à son cheval l'avait empêché d'arriver avant la nuit à l'endroit où il comptait coucher ; et qu'ensuite l'abondance de la neige tombée leur avait caché la route, les avait fait s'égarer et les avait mis dans le danger d'où maître Guillou venait de les tirer. Et alors cet étranger témoigna si cordialement sa reconnaissance que chacun se trouva tout d'abord pris de sympathie pour lui et lui fit le meilleur accueil du monde ; et les enfants se chargèrent de caresser le chien et de lui faire les honneurs de la maison.

Quant à maître Guillou il avait repris toute sa gaieté ; il arrangea lui-même le cheval, lui donna du foin et s'en revint à table en disant :

— Eh bien ! voilà tout ; ce sont deux convives de plus qui passeront la veillée avec nous.

Cinq minutes après, fourchettes et couteaux avaient repris leur train et l'appétit était revenu de plus belle.

— Vous nous voyez réunis tant de monde, dit maître Guillou à l'étranger, parce que nous faisons la veillée du cochon. Nous avons tué le cochon ces jours-ci, et chaque année c'est l'occasion d'une fête de ménage où nous invitons les amis.

— Et à laquelle je me trouve bien heureux de prendre part, surtout au sortir de la neige de vos montagnes.

— Il ne faut plus penser à ça, monsieur ; ne nous occupons qu'à faire honneur au cochon, le bienfaiteur du ménage dans les campagnes.

— Et vous pouvez dire dans les villes aussi, répondit l'étranger ; à Paris même, c'est du cochon le plus souvent que l'ouvrier met sur son pain, dans son repas du jour, un petit *cervelas*, une saucisse, une côtelette, un morceau de petit salé tout chaud. Le soir, c'est la graisse du cochon qui assaisonne le plus souvent la soupe de sa famille. Et même les personnes riches, qui ne font pas du cochon leur nourriture habituelle, lui rendent bien hommage aussi. Il est représenté sur leurs tables par des morceaux exquis que l'on voit étalés derrière les grandes vitres brillantes des charcutiers. Ce sont des jambonneaux bien saupoudrés de pain râpé et le manche orné de papiers de diverses couleurs découpés fort joliment.

— Et les beaux jambons de Bayonne, interrompit le maître d'école, et les saucissons de Lyon et ceux d'Arles.

— Parlons aussi des *langues fourrées*, reprit l'étranger, des pieds de cochon et des saucisses aux truffes ; parlons des *hures de sangliers* ou de cochon préparées enduites de gelée et avec leurs oreilles toutes droites, entre lesquelles on place souvent une fleur. C'est vraiment bien appétissant tout cela, sans compter mille choses encore.

— Qu'est-ce que c'est, ces truffes?

— Qu'est-ce que c'est, un sanglier? demandèrent ux enfants en même temps.

— J'aime bien les enfants qui questionnent, reprit l'étranger, et on doit se faire un plaisir de leur répondre. Les *truffes*, mes enfants, sont des espèces de pommes de terre toutes noires que l'on trouve dans certains terrains. Elles ont un parfum tout particulier et qui donne un fort bon goût aux mets auxquels on les mélange. Il serait difficile de les découvrir; elles n'ont ni tiges, ni racines; mais les cochons en sont très-friands et ils les sentent parfaitement à travers la terre qui les recouvre; alors ils se mettent à creuser avec leur groin jusqu'à ce qu'ils soient parvenus à la truffe; mais, dès qu'ils l'ont découverte, on leur donne un coup de bâton sur le nez pour les éloigner. Il faut être leste pour cela et avoir l'œil au guet, et cependant il arrive que le cochon attrape la truffe et la croque.

— Et il doit être joliment content! dirent les enfants.

— Je crois bien, dit maître Guillou, cela le dédommage un peu des coups de bâton qu'il reçoit sur le nez.

— Maintenant, reprit l'étranger, vous avez demandé, mes enfants, ce que c'est qu'un sanglier. C'est une sorte de cochon sauvage. Il a les oreilles droites, tandis que le cochon domestique les a pendantes. Il a le poil plus long, plus rude et hérissé, d'une couleur rousse très-foncée et de deux énormes dents qui de chaque côté débordent de ses lèvres et qu'on appelle ses *défenses*, parce que c'est une arme terrible avec laquelle il blesse et même tue quelquefois les chiens et les chasseurs qui l'attaquent dans le fond des bois.

— Oui, interrompit le maître d'école, c'est un terrible animal. Les historiens racontent des merveilles de sangliers si énormes et si féroces, et qui dans les temps anciens faisaient des ravages si épouvantables, qu'on regardait comme une gloire éternelle de les avoir combattus à la chasse. Les forêts immenses de notre pays, du temps où il s'appelait Gaule, étaient peuplées de sangliers auxquels nos ancêtres, les Gaulois, faisaient une guerre terrible, et ils admiraient à un tel point le courage et la vigueur de cet animal, qu'ils l'avaient pris pour emblème, et les médailles de cette époque portent, d'un côté, l'image d'un sanglier.

— Mais, aujourd'hui, il ne reste plus beaucoup de sangliers chez nous, reprit l'étranger ; nos plus grandes forêts seulement en renferment quelques-uns encore. Ils s'y nourrissent, comme les cochons, de racines, de fruits et de grains. Le morceau le plus estimé du sanglier est la *hure* ou la tête. Les petits sangliers s'appellent des marcassins, et sont très-bons à manger.

— Pour ma part, dit maître Guillou, j'aime mieux mon cochon, avec lequel je ne cours pas risque d'être tué d'un coup de dent.

Là-dessus on but gaiement un coup, et le dîner finit bientôt au milieu des causeries animées et du joyeux babillage des enfants. La table une fois enlevée et la place devenue libre, les enfants se mirent à danser en rond et à se livrer à mille jeux. — Voilà que tout d'un coup Jeannette arriva avec un *ballon* superbe, qu'elle avait fait elle-même avec la *vessie* du cochon et des morceaux de peaux de diverses couleurs qu'elle avait cousus ensemble.

— Je voulais d'abord me faire une *blague* pour mon *tabac* avec cette vessie, dit maître Guillou ; mais Jeannette m'a dit qu'un ballon amuserait les enfants, et j'ai bien volontiers renoncé à ma blague.

Jeannette avait bien dit, car non-seulement les enfants, mais encore les grandes personnes firent un cercle, et on se renvoya le ballon des uns aux autres, et ceux qui le manquaient ou le recevaient sur le nez faisaient rire à leurs dépens. Du reste, de quoi n'aurait-on pas ri ce soir-là chez maître Guillou !

Tout à coup l'étranger se frappa le front et s'écria :

— C'est une sueprbe occasion pour jouer le jeu du *cochon !...* Connaissez-vous le jeu du cochon, par hasard, monsieur le curé ?

— Non, vraiment, fit le curé.

— Ni moi, dit tout le monde.

— Eh bien, je vais vous l'apprendre.

—C'est cela !... bravo !... le jeu du cochon !... le jeu du cochon !...

— D'abord, dit l'étranger, il faut arranger tous les siéges en rond, — comme cela ; — moi je me mets au milieu, mais il faut qu'on me bande les yeux.

Quand ce fut fait, l'étranger demanda un mouchoir, qu'on lui donna.

— Maintenant, dit-il, que chacun s'asseye tout autour à la place qu'il voudra. Vous y êtes ?... Bien... Je vais jeter un des bouts du mouchoir au premier venu et je garderai l'autre bout.

Il fit ce qu'il disait ; quelqu'un prit le bout du mouchoir.

— A présent, ajouta-t-il, je vais imiter le grognement du cochon, et la personne qui tient le mouchoir me répondra par le même grognement ; il faudra que je devine qui m'a répondu. Si au bout de trois grognements je ne devine pas, le voisin prendra le bout du mouchoir, et je recommencerai avec lui ; ainsi de suite tout autour jusqu'à ce que je devine ; celui que j'aurai deviné déposera un gage et prendra ma place.

On avait bien compris ; on commença, et les *grroun.. grrroun...* allèrent leur train. On peut juger si les enfants s'amusaient : l'un faisait la petite voix, l'autre la grosse voix, et les rires étouffés éclataient de toutes parts. Tout le monde y passa, au milieu du rond, et les gages étaient nombreux dans le tablier de Jeannette. Oui, vraiment, M. le curé entra aussi au milieu du rond, et le vieux maître d'école. et l'étranger, qui, pour sa part y vint trois fois ; à chaque fois pour gage, il déposa une pièce d'or.

Il fallut cependant des page gasser au [tirages; autre sujet de rire ici.

— A quoi condamne-t-on ce gage-là ? disait Jeannette.

— A telle ou telle chose, répondait quelqu'un dans un coin, le visage contre le mur.

Il fallait alors que celui à qui le **gage** appartenait exécutat la sentence.

Tantôt il fallait chanter une chanson, tantôt monter sur l'âne et l'embrasser entre les deux oreilles, tantôt faire trois fois le chant du coq. Mais voilà que le coq, qui dormait sur son bâton dans un coin de l'étable, se réveilla à ce cri et répondit lui-même de toutes ses forces : Cocorico! Alors on eut l'idée de faire faire l'âne à l'un des fils Guillou, qui s'en acquitta si bien que l'âne en personne se mit à braire à son tour, et, quand il eut commencé, il ne voulut plus se taire, si bien qu'on ne s'entendait plus. Pour surcroît de tapage, les brebis firent : Bê ! bê ! et le chien aboya ; et chacun de rire alors.

Quand vint le gage du père Guillou, on lui demanda de désigner tout de suite trois objets faits avec la peau du cochon, et trois objets faits avec son poil ou celui du sanglier.

— Avec la peau, répondit-il tout de suite, on fait des *selles*, des *tamis* pour nettoyer le grain, et des *malles*; avec la *soie*, on fait des *têtes de loup* pour enlever des toiles d'araignée, des *balais* et des *pinceaux* de toutes sortes.

— A quoi condamnez-vous celui à qui appartient ce gage ? dit ensuite Jeannette au maître d'école.

— A nous dire pourquoi on représente toujours saint Antoine avec un cochon, répondit M. Renaud, qui avait vu que le gage appartenait au curé.

— Au fait, pourquoi saint Antoine a-t-il un cochon ? dit le père Guillou.

— Vous savez, dit le curé, que saint Antoine fut terriblement tenté par le diable dans le désert où il vivait ; vous savez aussi qu'il repoussa Satan. Eh bien, le cochon que l'on met aux pieds de saint Antoine dans les images est là pour représenter le démon dont le saint a triomphé. Dans les Livres sacrés, il arrive souvent que le diable est personnifié dans un cochon. Mais vous, monsieur le maître d'école, vous avez un gage encore, eh bien, dites-nous un peu pourquoi certaines religions interdissent l'usage du cochon ? Ainsi celle des juifs, celle des mahométans, celle des Indiens. Puisque nous en sommes sur le cochon, il n'y a pas de mal à ce que nous ayons une idée de tout cela.

— Très-volontiers, dit M. Renaud... Dans le pays qu'habitaient les Israélites, ou Juifs, du temps de Moïse, le cochon était un animal sujet à de nombreuses maladies qui rendaient sa chair malsaine. Alors Moïse fit, selon la volonté de Dieu, une loi pour défendre aux Juifs de manger du cochon, et il leur dit : « C'est Dieu qui vous ordonne de ne pas manger **de cet animal, qui** est impur. » Depuis lors, et jusqu'à aujourd'hui, cette défense-là est restée dans les préceptes de la religion juive. Les religions des mahométans et des Indiens sont sorties des mêmes pays que celle des Israélites ; elles avaient donc les mêmes raisons pour défendre aussi l'usage du cochon. Dans d'autres pays, sous d'autres climats, où le cochon n'était pas nuisible, les Grecs, les Romains et les Gaulois, nos ancêtres, faisaient au contraire un grand cas du cochon. Et il y avait même en Gaule une province particulière, celle des Squanes, très-renommée pour la façon dont on y préparait le cochon. Les salaisons des Séquanes étaient l'objet d'un commerce important avec l'Italie, où elles étaient très-estimées des gourmets (1).

— Maintenant, s'écria Jeannette, il n'y a plus que trois gages : ce sont les trois pièces d'or de monsieur, ajouta-t-elle en se tournant vers l'étranger.

— Eh bien, mademoiselle Jeannette, dit celui-ci, voulez-vous me dire ce qu'il faut que je fasse pour le premier de ces gages ?

Après avoir cherché un peu, Jeannette dit :

— Si monsieur veut nous raconter une petite histoire, cela fera plaisir à ces enfants.

— Oh ! oui... oui... s'écrièrent-ils tous.

L'étranger réfléchit un moment, et, tout le monde

---

(1). Le pays des Séquanes forme aujourd'hui les départements du Doubs et du Jura et une partie de celui de la Côte-d'Or. Il s'y fait encore actuellement un commerce considérable de cochons.

ayant resserré le cercle et fait silence, il commença ainsi :

— Il y avait une fois en Savoie, dans un petit village, un enfant de douze ans environ nommé Jean ; mais on l'appelait ordinairement Jeannot...

Nous voudrions bien pouvoir raconter tout au long l'histoire de Jeannot telle que l'a dit l'étranger, mais l'espace nous manque ; seulement toutes les personnes réunies dans l'étable de maître Guillou remarquèrent une chose dans cette histoire, c'est que le cochon eut une influence vraiment singulière sur la vie de Jeannot ; ainsi, étant enfant et orphelin, Jeannot gagna son pain en chantant des chansonnettes de son pays et s'accompagnant de deux instruments tirés en partie du cochon. L'un était un *violon à vessie* : ce ne devait pas être un bruit bien harmonieux que celui de la corde vibrant sur la vessie par l'effet du frottement de l'archet ; mais, faute de mieux, Jeannot en tirait parti tout de même. L'autre instrument qu'il eut était un *tambour de basque* : ceci valait mieux ; la peau de ce tambour n'était autre que de la peau de cochon : tantôt la frottant avec son pouce, tantôt secouant le tambour, Jeannot faisait des *broun... broun...* et des *drin... drin...* qui n'étaient vraiment pas désagréables.

En grandissant, Jeannot gagna sa vie par son travail Il fut d'abord décrotteur, et les *brosses* dont il se servait étaient faites avec des soies de cochons ; son *cirage* était fait avec de la graisse de cet animal et des os de cochon brûlés ou calcinés. Plus tard Jeannot devint cordonnier, et, dans ce nouvel état, il employa des soies de cochon pour faire des souliers et des bottes. Ainsi petit à petit il se tira d'affaire et gagna de l'argent. Il fit alors un long voyage dans l'Amérique, où il se maria et eut un enfant ; mais, quand il voulut revenir dans son pays, le navire sur lequel il était fit naufrage, et c'est ici que le cochon lui fut plus utile que jamais. Comme la viande de cochon est celle de toutes les viandes salées que les marins préfèrent dans leurs longs voyages, le capitaine du navire avait acheté en route beaucoup de cochons qu'on avait tués et dont les *vessies* étaient restées à bord ; et bien, au moment du naufrage, Jeannot ne parvint à sauver sa femme et son enfant qu'à l'aide de ces vessies, qu'il gonfla d'air et dont il leur fit une ceinture, ce qui les soutint sur l'eau et leur permit de gagner la terre. Le cochon avait donc rendu de grands services à Jeannot pendant toute sa vie. En finissant, l'étranger dit que Jeannot et sa famille vivaient actuellement en France, et très-heureux.

Chacun remercia l'étranger de son histoire, qui avait fait à tous le plus grand plaisir ; et, en effet, elle était pleine de choses très-intéressantes.

— Mais, reprit l'étranger, il y a encore deux gages de moi. Je demande à me condamner moi-même à quelque chose pour ces deux gages ; vous y consentez tous ? je vous remercie. Eh bien, d'abord, je m'oblige à remettre à monsieur le curé les trois pièces d'or qui sont dans le tablier à Jeannette, en le priant d'en user pour soulager un peu les pauvres du village.

—Ce qui est donné comme cela et donné aux pauvres ne peut se refuser, dit le curé serrant la main de l'étranger.

— Quant à ma dernière obligation, ajouta celui-ci, je ne vous la dis pas encore; vous la saurez plus tard.

Bien entendu que personne n'insista là-dessus.

— Or çà, dit alors le père Guillou, comme demain il faut travailler, nous allons nous coucher et nous reposer. Dame il n'y a pas de lits pour tout le monde; mais la paille ne manque pas, et m'est avis que, quand on a bonne santé et le cœur content, on dort toujours bien.

En effet, un instant après, tout le monde dormait sur la paille. Ainsi se passa la veillée du cochon en cette année-là.

Le lendemain chacun retourna chez soi, et l'étranger partit.

Or, il arriva que l'année suivante, au mois de décembre, M. le curé reçut une lettre ainsi conçue :

« Monsieur le curé,

» Pour mon dernier gage, je vous envoie cette année-ci, et je vous enverrai toutes les années, à l'entrée de l'hiver, deux cents francs avec lesquels je vous prie d'acheter du cochon pour les familles pauvres de votre village. Ne me remerciez pas; tout le bonheur est pour moi.

» Je ne vous ai pas dit de qui était l'histoire que je vous ai racontée l'année dernière ; c'était la mienne : c'est moi qui suis Jeannot. Je recevrai avec le plus vif plaisir de vos nouvelles et de celles des excellentes gens qui m'ont si à propos secouru au milieu de la neige de vos montagnes. »

Le curé, ravi, s'en alla tout droit chez maître Guillou et lui lut cette lettre.

— Et quel nom y a-t-il au bas ? dit celui-ci.

— Il y a Jean Morel.

— Eh bien, s'écria Guillou, Jean Morel est le nom d'un brave et digne homme que je n'oublierai de ma vie !

NOEL!

« ... Passons jusqu'à Bethléem et voyons cette
merveille qui est arrivée... »

ÉVANGILE.

S'il est un jour dans l'année qui nous fasse regretter de n'être plus enfant, ce jour est bien certainement celui de Noël.

Quel beau jour pour les enfants ! mais, n'est-ce pas un beau jour pour tout le monde ? Oui. Seulement la oie des enfants y est plus complète. La nôtre est toujours un peu mêlée d'un vague souvenir des soucis de la veille, d'un vague pressentiment de ceux du lendemain.

Le 15 décembre approche. Il fera bien froid à ce moment; plus de verdure, plus de fleur ? Qu'importe ! Plus d'azur au ciel, d'épais brouillards derrière les vitres, de la neige, de la glace, enfin toutes les tristesses de l'hiver... Qu'importe, vous dis-je ! Ne sera-ce pas Noël ?

Noël! qui répand de la gaieté sur le monde chrétien autant que le printemps peut répandre de verdure et de fleurs. Petits enfants et grandes personnes, riches et pauvres, chacun sourit en y pensant; depuis les pays glacés du nord, jusqu'aux tièdes climats du midi.

Dès octobre, le Norwégien dans sa hutte sombre, au milieu de ses montagnes arides et neigeuses, prépare les morceaux les plus délicats du bœuf, du renne et de l'ours tués à la chasse; il les sale, les fume, et, les suspendant à la cheminée, dit : C'est pour Noël.

Le fermier allemand s'en va dans son verger au moment où les pommes sont mûres ; il choisit les plus belles, les plus dorées : C'est pour Noël! Le colporteur, sa balle sur le dos, va courant dans les campagnes, chargé d'images, et de mille objets que les enfants aiment : C'est pour la Noël !

Londres, des musiciens se réunissent, apprennent de doux airs, et, au milieu de la nuit, pendant la quinzaine qui précède la fête, font retentir leurs plaintives mélodies dans les rues silencieuses. Alors le bourgeois à demi éveillé se dit : Voici Noël qui approche !

A Rome, les bergers des Abruzzes et de la Sabine, descendus de leurs montagnes, parcourent les rues huit jours à l'avance. Ils ont des sandales aux pieds, les jambes nues, et ils portent sur leurs épaules une peau de mouton ou de chevreau. Ils s'arrêtent devant chaque image de la madone, chantant de naïves paroles qu'ils accompagnent du son de leurs cornemuses. Et ces paroles disent aux Romains : Noël arrive !

Chez nous, mes enfants, quand aux approches de l'hiver, nos forêts se dégarnissent pour réchauffer nos foyers, on choisit la plus grosse bûche en disant : C'est la bûche de Noël ! La ménagère met dans un coin de l'armoire la fine fleur de sa plus belle farine : C'est pour le gâteau de Noël ! — Les enfants, dans les champs, apprennent des chansons qui parlent de Bethléem, de Jésus, de Marie : C'est pour la Noël ! Le fermier, en Provence, prépare son vin cuit et conserve ses plus belles grappes de raisin : C'est pour le dessert de la Noël. Il dépouille les amandes de leur écorce dans la veillée, il dégarnit la ruche de son miel parfumé. Amandes et miel sont pour faire le nougat de Noël !

Vous le voyez, enfants, partout on pense à Noël.

Passez, passez donc, jours de décembre ! Passez vite et faites enfin luire ce jour que tout le monde appelle ! Nous ne demandons pas que ce soit une journée d'azur et de soleil, non ; qu'elle soit comme il plaira à Dieu ! Ce sera toujours une joyeuse et belle journée que celle où le Christ est venu au monde pour dire aux hommes : « Vous êtes tous frères, aimez-vous comme des frères. »

Nous voici à la veille. Petits enfants de la chaumière, mes chers enfants, un peu de patience ; couchez-vous, dormez bien ; il faut du sommeil aux petits enfants, et puis il faut bien vous coucher pour enlever vos petits souliers, vos petits sabots. Vous savez bien qu'en les mettant dans la cheminée vous y trouverez le lendemain les petits cadeaux que Jésus envoie aux enfants sages.

Pendant ce temps, l'horloge sonne minuit. Voici l'heure où, il y a mille huit cent soixante-deux ans, les bergers, guidés par une étoile, vinrent dans l'é-table de Bethléem adorer Jésus enfant.

Après la prière, une table réunit la famille : c'est le repas du réveillon. On mange un morceau, on rem-plit les verres, et on les entrechoque en disant : Que Dieu nous donne d'heureuses fêtes de Noël ! Et puis les lumières s'éteignent, et chacun va dormir.

Dès l'aurore les grandes volées des cloches dans les villes, les joyeux tintins des campaniles dans les vil-lages, remplissent les airs de vibrations confuses et gaies. Allez, allez, balancez-vous, cloches et campa-niles ; allez grand train ! C'est la Noël !

Personne n'est paresseux ce jour-là ; l'enfant court vite au foyer où il plaça ses petits sabots avant de se coucher. Qu'y a-t-il dedans ? Oh ! quelle providence ! C'est tout juste le joujou préféré que Jésus a apporté. Eh ! mes petits enfants, tournez-vous, regardez votre mère qui est là derrière vous, et bien plus heureuse que vous encore ! C'est elle qui, au nom de l'enfant Jésus, a mis le joujou dans le sabot. En vérité, Jésus ne pouvait prendre une meilleure messagère, et vous n'êtes plus surpris, j'espère, d'avoir trouvé ce que vous aimiez le mieux.

On s'aborde partout en se serrant la main avec effu·
sion. Joyeux Noël, joyeux Noël je vous souhaite! On
se dit cela dans toutes les langues de la terre. Et quel
gai mouvement dans les rues. Que de belles et bonnes
choses étalent les magasins derrière leurs vitrages
brillants.

Chaque mère de famille, dans une partie de la France
et en Allemagne, s'occupe alors du soin important de
préparer l'arbre de Noël. C'est dans le plus beau salon
de la maison que la grande table se dresse ; mais la
maman seule en a la clef; personne n'y entre qu'elle,
pour que la surprise de tous soit plus grande le soir.
Les corbeilles y arrivent pleines et ouvertes, elles en
ressortes vides. Pendant ce temps, les parents, les
amis se réunissent; s'il y a de la brouille, de la froi-
deur entre plusieurs membres d'une même famille,
au contact de Noël, ils sentent leurs cœurs s'atten-
drir ; les mains, longtemps séparées, se réunissent,
et la douce réconciliation se fait sur le berceau de
Jésus.

Que je voudrais, mes enfants, pouvoir vous montrer
le joli spectacle des crèches de Provence en ce jour.
Ce sont de petits théâtres qui représentent l'étable où
est né Jésus. Il est là, le divin enfant, couché sur du
foin et de la paille ; saint Joseph est derrière lui, et la
vierge Marie le contemple avec l'amour d'une mère.
Rien n'y manque : le bœuf rumine à côté, l'âne, brait,
le coq chante sur la fenêtre, les petits personnages
vont, viennent, montent, descendent et causent entre

eux. Puis les bergers arrivent chantant, puis l'étoile paraît, guidant les rois mages. Rien n'est joli, amusant comme ces naïves scènes ! Que d'enfantines réflexions, que de rires francs et charmants s'échappent de l'auditoire ! Pourquoi n'y a-t-il pas des crèches partout? Je ne sais. C'est bien dommage !

Mais ce qui ne manque nulle part, dans aucun pays, c'est le repas de Noël. Vous le savez bien ! Je vois toujours la longue et rayonnante tablée. Tout le monde y rit ; les enfa..ts sont les rois de la fête. Mais le plus joyeux moment est celui où l'on ouvre enfin le grand salon préparé par la maman, et où les enfants se précipitent avec mille cris d'admiration.

D'abord la grosse bûche de Noël flambe dans la cheminée et répand une bonne chaleur ; mais ce qu'il y a de merveilleux, c'est l'arbre de Noël sur la grande table. C'est une belle branche de sapin, garnie à toutes ses extrémités de petites bougies allumées, et au milieu de la verdure mille petits rubans de toutes couleurs, et des fils d'or, suspendent mille objets divers que les enfants aiment. Mais écoutons le joli chant que le poëte allemand Hebel place dans la bouche d'une mère. Il s'agit du *Christ-Baum*, arbre de Noël :

« Il dort, il dort... Il est là comme un petit prince ; cher ange, je t'en prie, ne t'éveille pas...

» Ne t'éveille pas... Ta mère s'en va doucement, ta mère s'en va avec amour chercher un pe it arbre dans la chambre.

» Qu'y a-t-il a x branches de cet arbre? un beau

gâteau, une chèvre, un petit bœuf, des fleurs roses, et jaunes, et blanches; tout cela en sucre fin.

» C'est assez, tendresse de mère, trop de douceur peut faire mal. Donne avec mesure, comme le bon Dieu; il n'accorde pas tous les jours du pain sucré.

» A présent voici des pommes d'hiver, les plus belles qu'on puisse voir. En vérité, c'est charmant de voir les riantes couleurs de ces pommes. Que le gâteau de sucre soit ce qu'il pourra! C'est le bon Dieu qui a fait ceci...

» Et qu'y a-t-il encore? Un joli petit livre, enfant, un livre avec des images saintes et de bonnes prières...»

Et ce n'est pas tout; il y a tant de choses encore dont le poëte ne dit rien et qui se suspendent aux arbres de Noël : les oranges et les grenades d'Espagne; tous les fruits confits, prunes, cerises, poires, abricots, figues, et des dattes sucrées d'Afrique, et des grappes de raisin frais. Et puis la table, autour de l'arbre, est couverte de mille petits cadeaux pour tout le monde. Chacun les gardera en souvenir de Noël.

Je renonce à décrire la joie de cette soirée. Qu'en est-il besoin? Noël arrive bientôt. Je sais bien que tous ne peuvent pas avoir un bel arbre de Noël comme celui dont je parle; mais après tout, plus ou moins beau, qu'importe! C'est toujours un arbre de Noël; la joie est la même.

Il y a des pays où l'on n'a pas le ravissant usage de l'arbre de Noël; d'autres usages le remplacent; mais partout on est heureux ce jour-là. Les Espagnols chantent des noëls dans les rues en s'accompagnant de guitares et de triangles, de préférence sous les fenêtres des personnes qu'ils aiment; et puis ils dansent joyeusement dans les grands salons et sous les arbres.

En Angleterre, les maisons se garnissent de laurier, de buis, d'ilex, et surtout de houx, dont le feuillage lustré et les baies d'un rouge vif sont disposés en guirlandes sur les cheminées et les murs. Bien pauvre est celui qui n'a pas son plum-pudding flambant le soir, et un gâteau de Noël garni de raisins secs et parfumé au girofle et à la muscade. On ne prend qu'un peu de ce gâteau, on garde le reste; et dans toutes les autres fêtes de l'année, ou quand on veut faire honneur à un étranger, on apporte le gâteau de la Noël passée, et chacun en a un petit morceau que l'on arrose de vin de Madère. Ainsi le gâteau va d'un jour de Noël à l'autre.

Dans les pays les plus froids de l'Europe, au nord de la Suède, la fête de Noël prend un caractère bien plus touchant. Pendant six mois de l'année le soleil ne luit pas sur ces pauvres contrées. Eh bien! mes enfants, le jour de Noël est aussi celui où, pour la première fois, les gens de ce pays revoient le soleil; le soleil gai et doré qui vient enfin faire germer quelques rares et frêles moissons sur leur sol ingrat. Concevez-vous combien la joie de Noël doit être profonde chez eux!

Entrons chez le paysan suédois. La bière de Noel

(*julol*) est prête ; les gâteaux d'orge et de fromen (*knakbrod*) sont prêts aussi. Le cochon de lait que, par un usage traditionnel, on sert pour la Noël chez la plupart des paysans, est assaisonné avec habileté. La maison brille de propreté, et le plancher est parsemé de petites branches de sapin qui répandent une fraîche odeur. Entre les doubles fenêtres, dont peu de maisons sont dépourvues en Suède, on place sur des flocons de laine blanche des fleurs artificielles. Tout autour des portes, on arrange symétriquement des rameaux de sapin. Les parents, les amis, sont arrivés la veille de bien loin sur des traîneaux, et ils sont là réunis autour du grand poêle. Au milieu du repas, un homme entre soudain, la tête voilée et portant une corbeille remplie de petits objets destinés à être distribués en cadeaux. La joie des enfants éclate alors. Le plus modeste livre de prières est un des plus jolis présents de Noël qu'on puisse faire.

La générosité des cœurs, ce jour-là, s'étend dans ces pays sur tout ce qui existe ; les portes des chaumières sont ouvertes. Tout passant, tout voyageur prend place à la table et au foyer. On donne même aux animaux domestiques la nourriture qu'ils préfèrent, et en plus grande abondance ; et, touchant usage ! les oiseaux du ciel eux-mêmes font la fête. Sur les toits, sur les hangars, on élève des perches toutes chargées d'épis d'avoine, afin que les pauvres petits oiseaux, eux aussi, viennent se régaler et gazouiller sur la maison.

Ceci touchera vos cœurs, mes enfants, j'en suis sûr; et le jour de Noël, au milieu de votre joie, vous n'oublierez pas de jeter un regard dans la rue. Vous y verrez peut-être un pauvre homme tendant la main, une pauvre mère serrant dans ses bras ses enfants transis. Songez alors que la Noël est une fête où il ne devrait point y avoir de malheureux, un jour où, en Suède, le pays le plus pauvre d'Europe, tout ce qui existe, jusqu'aux oiseaux du ciel, a de quoi manger réjouir.

ESSLING ET MONTEREAU

Non, vous auriez suivi toute la rive droite du Danube de sa source à son embouchure, vous auriez suivi toute sa rive gauche, que vous n'auriez point rencontré une plus gracieuse maisonnette habitée par une plus heureuse famille. Je veux parler de la famille Vardenen et de sa champêtre habitation.

La famille Vardenen prospérait, car chez elle les deux choses qui font le bonheur de cette vie ne manquaient pas. Ces deux choses, je ne devrais pas avoir besoin de vous les nommer, elles devraient être aussi connues que le soleil ; mais il y a tant de gens qui cherchent à être heureux sans tenir grand compte d'elles, qu'en vérité il ne faut pas perdre une occasion de les rappeler ; ce sont : l'affection et le travail.

Où aurait-on pu trouver de plus saintes affections que dans la maisonnette de la famille Vardenen ?

— Il y avait là une grand'maman, un père et une

mère, et deux enfants ; — et parmi ces cinq personnes, depuis la plus âgée jusqu'à la plus jeune, c'é-
tait à qui aimerait le mieux. — Amour filial, amour
maternel, amour conjugal remplissaient cet heureux
coin de la terre des plus douces sensations, des plus
tendres langages.

Et puis, je vous l'ai dit, on travaillait fort chez les
Vardenen. — Et de ces satisfactions du cœur d'une
part, de ce travail de l'autre, naissaient la santé,
l'aisance, la gaité.

Et quelle douce musique c'était à l'oreille que les
mille bruits de la vie champêtre ! — Il n'y avait pas
jusqu'à ce grand gaillard de Grégoire, le garçon meunier, qui, tout enfariné, et avec sa grosse figure ru-
biconde, ne fût à l'unisson du sentiment de bonheur
et de gaîté que tout respirait dans ce ravissant endroit des rives du Danube.

Vous ai-je dit les noms des deux enfants ? Non.
— Eh bien ! le garçon, l'aîné, s'appelait Charles ; —
il avait douze ans. La petite fille se nommait Frédérique.

Voilà donc une gaie et heureuse maison, et vous
pensez tout naturellement que je vais vous raconter
une joyeuse histoire à son sujet ? Détrompez-vous ;
c'est un triste récit que j'ai à vous faire.

Un jour on s'en vint dire à Grégoire, le garçon meunier, que l'empereur d'Autriche avait besoin de lui.

— Pourquoi faire ? dit-il d'abord tout naïvement
Pour moudre son blé ? — C'était tout naturel : com-

ment un empereur peut-il avoir à faire d'un garçon meunier, si ce n'est pour moudre du grain ? — Il s'agissait bien d'autre chose, et Grégoire ne tarda pas à le comprendre, et devint plus blanc que sa farine quand il l'eut compris.

Et Grégoire partit. — Déjà les afflictions commençaient pour la famille Vardenen. — Mais ce n'était rien encore. — Vous allez voir.

Arriva le 20 mai 1809. — Le soir de ce jour, Vardenen et sa femme causaient tristement dans un coin de la ferme. Les nouvelles étaient mauvaises. — Les armées se massaient dans le pays ; — d'un côté c'étaient les Français, de l'autre les Autrichiens.

— Nous allons avoir quelque bataille par ici, dit Vardenen, — femme, il serait prudent de quitter la ferme avec la mère et les enfants, et de nous retirer à Vienne pour un peu de temps.

— Ce sera comme tu voudras, mon ami.

— Attendons encore un jour ou deux, et nous verrons.

Ce fut un tort d'attendre, car dès le lendemain au soir tous les chemins étaient interceptés par l'ennemi, et il n'y eut pas moyen de partir pour les Vardenen. On était dans la perplexité la plus grande à la ferme.

Le lendemain, 22 mai, fut livrée, en effet, une terrible bataille autour du village d'Essling. — Je n'ai pas à m'inquiéter ici de savoir qui remporta ce qu'on appelle la victoire ; ce que je sais, c'est que bien des hommes portant l'habit blanc autrichien ou l'habit bleu français perdirent la vie ; ce que je sais, c'est que bien des champs furent ravagés, des arbres brisés, nombre de maisons et d'établissements utiles ruinés par le canon ou incendiés : — voilà ce qu'il y a de positif. — Mais que devint la famille Vardenen au milieu de tout cela ?

Voilà que sur le soir du 22 mai Grégoire crut reconnaître l'endroit où campait le corps dont il faisait partie. — Il avait le Danube devant lui…, et de l'autre côté en face… — Oui, vraiment, c'était bien là le moulin Vardenen ; — on le reconnaissait à son toit pointu au milieu des arbres.

— Y a-t-il quelqu'un ? dit-il en prêtant l'oreille et faisant tous ses efforts pour distinguer quelque chose dans les ténèbres.

Une sorte d'aboiement plaintif lui répondit. — C'est la voix de Flik, le pauvre chien de la ferme, je la reconnais, se dit Grégoire ; mais pourquoi ne vient-il pas à moi ? — Et il appela : — Flik ! Flik !

L'aboiement retentit encore plusieurs fois, coup sur coup, mais si douloureux, si triste, que Grégoire en eut l'âme déchirée. — Le pauvre animal est sans doute blessé et ne peut se traîner, pensa-t-il. — Et puis il se demanda comment il se faisait que le chien fût là si ses maîtres n'y étaient pas. — Le pauvre Grégoire, à cette pensée, eut un frisson épouvantable et fit de nouveaux efforts pour avancer à tâtons au milieu des débris. Il marchait en rampant et étendant les mains de tous côtés. — Soudain il s'arrêta saisi d'horreur. —

Qu'avait-il rencontré ? — Sa main venait de se poser sur une main, une main roide et glacée. — Grégoire réunit tout son courage et toucha encore cette main... Elle avait un anneau à un doigt... — Le père Vardenen n'avait-il pas un anneau à ce doigt-là... Son anneau de mariage ?... — Oui... ou ?

En ce moment Grégoire sentit toutes ses forces lu échapper, et sous le coup de sa douleur il perdit connaissance un moment. — En revenant à lui il se hâta de sortir pour attendre le jour dehors, ne se sentant plus le courage de continuer cette douloureuse investigation dans les ténèbres.

Enfin l'aube parut, et peu à peu le jour grandit et éclaira une scène inouïe de désolation. Le pauvre Grégoire ne put retenir ses larmes. Les boulets avaient troué et à demi démoli la maison, labouré et saccagé les arbres ; la berge du fossé était écroulée, et barrant le cours de l'eau, la déversait de droite et de gauche. — Une partie de la roue du moulin était emportée. — Çà et là dans les débris erraient épouvantés et piaulant pour appeler leur mère deux ou trois petits poussins seuls échappés d'une jeune couvée dont prenait soin madame Vardenen. — Les fleurs du parterre que soignait la jeune femme, et où elle cueillait sa parure et celle de sa petite Frédérique, — ces fleurs... ah ! les pauvres fleurs ! elles étaient comme pilées... Et grand Dieu ! il n'y en avait plus que des rouges parce qu'elles étaient dans du sang. — Ah ! qu'était devenu le charme de ces lieux? Les êtres aimants qui les animaient, les bruits joyeux qui les égayaient, où étaient-ils ?

Et les autres membres de la famille Vardenen? Ah! Grégoire en se retournant poussa un cri d'horreur, car sous les décombres de la partie écroulée de la maison, il reconnut madame Vardenen et la grand'mère, mortes, elles aussi, et non loin d'elles, Charles, le fils Vardenen. L'enfant avait une grave blessure à la tête, mais Grégoire crut voir qu'il vivait encore... En effet, les soins empressés qu'il lui donna le rappelèrent à la vie, — L'ancien garçon meunier oublia tout à fait alors qu'il était soldat, il ne songea plus qu'aux devoirs du moment que lui imposait le spectacle de tant d'infortunes. — Il se dépêcha d'arranger un lit pour le petit Charles dans la partie la moins maltraitée de la maison ; — et puis il plaça avec respect dans une autre pièce, les uns à côté des autres, les corps du père, de la mère et de la grand'mère de l'enfant. Mais Frédérique, la gentille petite fille, qu'était-elle devenue ? — Il n'en trouva aucune trace.

Il y avait là suspendu à un mur un petit crucifix de famille. Une balle en avait brisé un bras, et cette figure attristée du Christ au sein de ce carnage semblait dire :

— O hommes ! qui vous dites chrétiens, qu'avez-vous fait de mes paroles : *Aimez-vous les uns les autres?*

Je vous raconte là une lamentable histoire, enfants je vous ai prévenu. — Ah ! c'est une bien affreu chose que la guerre ! De combien de récits pareils pourrait être accompagnée l'histoire des batailles. En grandissant ne l'oubliez pas. — Continuons l'histoire des Vardenen.

Un parent de cette malheureuse famille habitait Vienne, il accourut. — On ensevelit les morts, et le petit Charles fut emmené à Vienne. — Et Grégoire ? me direz-vous. — Grégoire ? le malheureux garçon — Écoutez : — Il arriva que Grégoire, pénétré d'une profonde horreur pour ce métier des armes si funeste à ceux qu'il aimait, ne voulut pas retourner à son régiment. — Il fut arrêté, accusé devant un conseil de guerre d'avoir déserté en présence de l'ennemi, condamné à mort et fusillé.

Et voilà que de tous ceux que je vous ai fait connaître en commençant il ne nous reste plus que Charles, car il fut guéri de sa blessure. — Ce qu'il devint, le voici.

En grandissant, certes, il ne put perdre le souvenir des scènes terribles qui lui avaient enlevé tous ceux qui lui étaient chers, et ce souvenir, toujours présent à sa mémoire, rendit son caractère triste et sombre, lui donna comme une sorte de désir de vengeance sur ceux qui avaient occasionné ce désastre irréparable, et, chose étrange! lui qui avait eu tant à souffrir par le fait des hommes de guerre, il se fit homme de guerre ; oui, volontairement, à peine il eut seize ans, il s'enrôla dans les armées de l'Autriche. C'était en 1813. — Les guerres continuaient à désoler l'Europe

Or en 1814, vous le savez, enfants, les nations chez qui les Français avaient porté la guerre dans leurs années de triomphe virent à leur tour ravager le sol de notre patrie. — Tristes retours de ces luttes sanglantes! Et nos champs furent dévastés, nos villages ruinés, nos villes occupées. Nous avions humilié l'étranger; nous étions humiliés à notre tour. — Quel profit en tout cela ? et pour qui ?

A Montereau il y eut une lutte terrible. — Les Autrichiens y étaient, Charles Vardenen y combattit avec une sorte de rage au souvenir toujours présent des malheurs de 1809. — Il fut gravement blessé à la jambe et se trouva abandonné dans un champ pendant le restant de la journée. — Quant vint le soir, de braves gens le ramassèrent et le transportèrent dans une maison de campagne peu éloignée où on lui donna des soins. — Oui, on l'accueillit fraternellement sous ce toit, lui ennemi, et cependant on y pleurait la perte d'un père tué dans la bataille.

Cette maison appartenait à un chef d'escadron d'artillerie retraité depuis deux ans, et qui y vivait paisiblement avec son jeune fils âgé de dix-sept ans. Quoique criblé de cicatrices et estropié, cet ancien officier avait voulut prendre part à la lutte qui s'était engagée avec les Autrichiens auprès de Montereau, et l'on venait de le rapporter chez lui mourant.

harles se trouvait placé dans une pièce voisine de celle où agonisait le vieil officier; — il entendait les par des entrecoupées du moribond et les sanglots de ceux qui l'entouraient. — Oh ! que d'amères pensées l'assaillirent en ce moment ! — Non, ce ne fut plus le besoin de vengeance qui l'anima ; — il abjura à jamais dans son cœur tout sentiment de haine, — se fit à lui-même le serment de ne vivre désormais que pour la paix, les affections du cœur et le travail paisible... Hélas ! la mort de ce vieillard rendrait-elle la vie à un seul de ceux tués dans la ferme des bords du Danube ?

Mais soudain il se fit silence dans la chambre du mourant, et celui-ci, prenant la parole d'une voix plus ferme, parla ainsi à son fils : — Mon cher enfant, il faut que les hommes soient de leur temps. — J'ai vécu dans un âge de lutte et de combats, j'ai été soldat. — Aujourd'hui je meurs en soldat ; — je n'éprouve aucun regret que celui de te quitter, et j'ai la satisfaction d'avoir, dans l'œuvre de destruction qui est la mission du soldat, rempli mon devoir en ne laissant échapper aucune occasion d'en adoucir les rigueurs. — Cependant si mon cœur est pur, ma main a fait bien du mal dans cette terrible carrière ; j'espère que Dieu me le pardonnera, et je le prie qu'il te fasse vivre dans un âge où il n'y aura plus ni soldat ni guerre. — Non, la destinée de l'homme n'est pas de s'entre-tuer, mais de se rendre utile au prochain et de l'aimer. — Mon enfant, j'ai encore une recommandation à te faire. — Mais j'ai déjà ta promesse à cet égard, et je compte que tu ne l'oublieras pas. — Quand tu seras d'âge, tu épouseras la bonne petite Frédérique. — Tu lui dois du bonheur en expiation du mal que nous lui avons fait. — Ne pleure pas, Frédérique.....

Et Charles entendait les sanglots d'une jeune fille. — Qu'on juge de l'émotion dans laquelle le mit ce nom de Frédérique, qui était celui de sa sœur. — Le vieil officier, qui se trouvait à la bataille d'Essling, avait rencontré cette enfant abandonnée au milieu de ses parents morts dans la ferme du Danube; — il l'avait emmenée et adoptée.

Ce qui suivit de tout ceci, on le comprend. — Charles, guéri resta dans la maison où il était auprès de sa sœur, qui, selon les vœux du vieil officier, devint la femme de son fils. — Frédérique eut deux garçons et je vous prie de croire qu'elle ne songea jamais à en faire des soldats.

Et tout ce monde-là vit encore heureux aujourd'hui ; et voilà comment, mes enfants, mon histoire finit mieux qu'elle n'avait commencé.

TABLE

Paris. — Imp. A. Rigaud, Grande-Rue, 31, à Montrouge.

9 782013 617147